U0396875

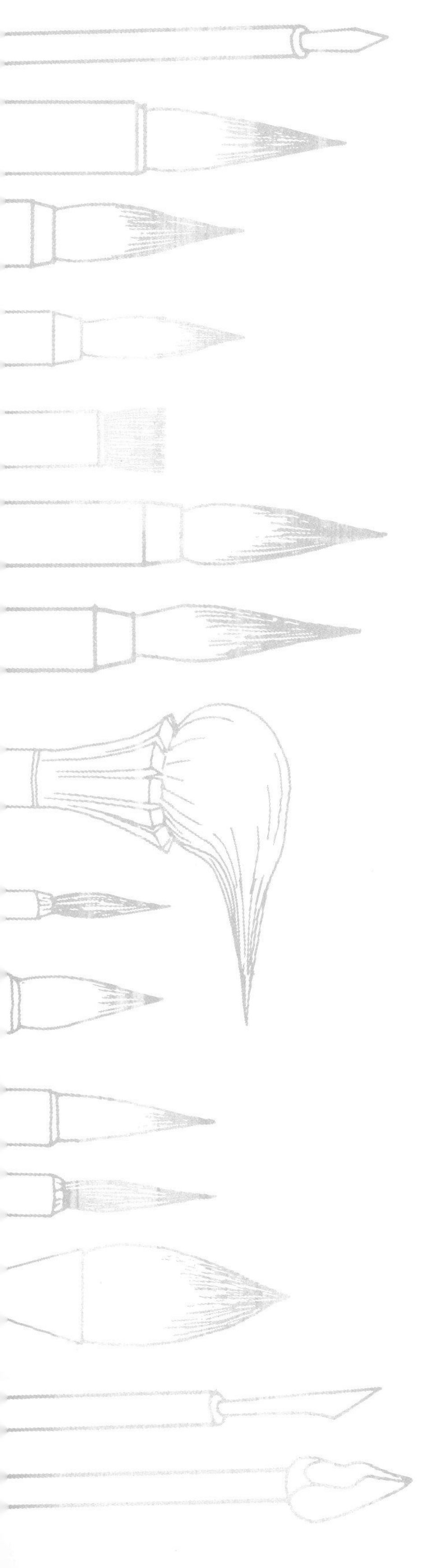

景德镇传统制瓷工艺

白明 著

广西师范大学出版社
·桂林·

再版前言

Preface

许多事情是需要事后才能体会出的。比如，最初我在写作这本书的时候，并没有想到我会因为这本书而改变对传统、工艺、材料、陶瓷的看法，并进而改变了对中西方现当代艺术的看法。这样的改变是我始料未及的，也是值得庆幸的。一个考古式、考据式的工艺记录，带来的思考竟然不是沿着单一古老样式的膜拜之路迅跑，而是在工艺与形式的不断改进与完善中，对与时代同步的创造和合理的精细分工产生无上敬意。一些思维、一些感受伴随着由此带来的不同认知而产生，使自己的创作与教学方式也发生了改变，这改变就是“由此及彼”的时空观。

我们所有人都是传统的传习人和受益者。凡是优秀的传统都是能随时代发展而保持自更新的族群的精神体系的重要组成部分。我就是在研究与记录景德镇传统制瓷工艺的过程中，在一个个匠人鲜活的手艺与情感中，获得了传统生机的真正启迪；在每一个分工协作的工艺环节中，感受到匠人之间让人惊叹的默契与互补，他们踏实做好自己所能，保持匠心本真。这让我对传统的理解又深了一步，在我眼里，好的传统其实就是人们跟随时代进行创造时，那种相互依赖并可延续的合理的生存关系。

我希望我的书能成为快速发展的景德镇的一个时间暂停键，或是一个切片式的工艺与城市的基因存储器。本书是对景德镇制瓷工艺新闻现场记录式的直接坦露和细节补充的一次尝试。

此书的再版，于我的意义，是为了书中出现的无数熟悉与陌生的面孔，为了让更多人看见他们日常中低微却极为伟大的劳作。这是我力所能及的向他们致敬的方式，因为他们才是景德镇真正鲜活的“传统”本身，是他们代代相传的生命与喜怒哀乐的生活维系了优秀的传统制瓷工艺，使其生生不息。

记录，是一种伟大的致敬。谨以此书献给景德镇。

白明

一点说明（代前言）

Foreword

严格算起来，读者们看到的这本书从最初的设想到完成曾历经7年时间。最初，由于教学的原因，每年3月份均带毕业生赴景德镇实习，为了让没有去景德镇的同学们了解景德镇独特的制瓷技艺，我准备了一些不同工艺和环节的照片和幻灯片，在课堂上为同学们讲解。1996年，由路甬祥先生任主编、杨永善先生任分卷主编的“中国传统工艺全集”系列丛书之《中国传统工艺全集·陶瓷》中“景德镇传统制瓷工艺”一节交由我编写，说实在的，当时对用陈述性语言对景德镇传统制瓷工艺做一番研究的兴趣并不大。随着自己在景德镇创作青瓷和青花瓷实践的不断深入，对景德镇传统制瓷工艺进一步的研究发现，各种不同工艺步骤在看似简单和普通之中蕴含着相当多的合理性和唯一性，可谓博大精深。如果纯粹用文字性的叙述想整体表现其工艺流程，会存在相当大的局限性。

景德镇陶瓷的特殊美感和瓷文化的形成与其独特的材质、工艺等有着密不可分的联系，甚至在某种程度上说，景德镇的瓷器名扬天下，除当地“天赐”的优质黏土之外，基本上是这些“鬼斧神工”的技艺将这些普通的“东西”变成了人类的“宠物”。景德镇的瓷器作为全世界陶瓷文化中极其辉煌的篇章，其形成的审美经典已成为全世界共同接受的珍贵遗产和标准。但1000多年来，景德镇的制瓷技艺一直在世人面前蒙着一层神秘的面纱，外国人自不必说，中国人也未必就有多么了解。从古到今，有关景德镇制瓷技艺的传说、文字记载和版画图解虽说也不在少数，但大部分不够全面和详细。况且，解说一种技艺的过程，用文字叙述总是有隔靴搔痒之感，毕竟没有图片的“陈述”来得直接和明了。

2001年1月至6月我赴美国短暂地工作和讲学，在半年的时间里，穿梭于美国东西两岸的十几个重要城市。在我的讲学中，除了我自己的作品介绍和示范，还有一个幻灯片讲座的保留项目，就是介绍景德镇传统制瓷工艺。大约100张幻灯片粗略地反映了这个名闻天下的千年古镇的神奇技艺。而所有听了我讲座的美国艺术家所表现出的对景德镇的崇敬心情和浓厚兴趣，让我充满了自豪感。他们不断地询问我，包含这些图片的介绍景德镇手工制瓷技艺的书能否买到，我告诉他们，给我一年的时间，可以购买我写的这本书……回国后，我觉得有必要尽快将这本书印出来，因为我手头的资料已很丰富：反转片、照片、绘图等近2000张。考虑到图片的优势，我与出版社的几位责编朋友经多次商量后，决定以图解的方式推出这本书，以满足国内外陶艺界同行对了解景德镇制瓷工艺的迫切愿望。

对此书内容的编排，需作如下说明：

一、本书全部采用自主拍摄的反转片及照

片，并均采自现场操作过程中的真实环节，在图片的美感与真实性产生矛盾的情况下，舍弃美感而追求真实，如田野调查，注重文献的史料意义。由此，不可避免地会出现部分图片的明暗及背景环境存在某些不足之处，但绝对的真实性成为本书的“生命”支撑。

二、选择典型的具有代表性的工艺过程做重点介绍，如淘泥、拉坯、修坯、彩绘等，因为这些是景德镇制瓷技艺中的精华所在。而像印坯、注浆、制釉等环节，由于具有普遍性，且图解的意义也不大，故从简。

三、所有的图片除本人示范部分由（前）责编之一李一意先生拍摄之外，均为作者本人拍摄，历时近 7 年。细心的读者可以从一些图片里环境的变化看出，同一个工艺操作过程，场地却不一样；同一个场地，背景却有所不同。之所以保留这种变化，而不重拍，就是想给读者呈现一个真实的时间过程。不同条件的作坊却使用同一种技术，甚至连手法都一样，这些细节可以让人们从中体味出景德镇特有的“味道”和“气息”，由此也可以看出景德镇制瓷技艺中严格的师承关系。

四、图解的方式也是为了更加便于非专业人员阅读。文字的叙述性具有增加思考深度和挖掘精神与文化内涵的优势，但有时在描述操作过程的细节时又会遇到说不透或“化简为繁”的不足之处；同时，附图也是为了尽可能使用这些珍贵的图片资料。在 1999 年我与江西美术出版社首次签订此书的出版合约时，手头已经拥有近千张反转片，那是近 5 年的调查积累，原以为会很快完稿，但是真正做起来却不是那么回事，总觉得有相当多的环节留有缺憾或不够到位，只好就所缺图片再次赴景德镇拍摄。寻师父、找朋友、进山区、入作坊，而拍摄又不总是随人心意，天公有时也不作美。2000 年和 2001 年夏天是我最辛苦的时候，共往返景德镇 6 次，搜集了大量的资料，补拍了许多珍贵的图片，一些不轻易示人的传统技艺也有了完整的记录。这些图片本身的说服力使许多文字显得苍白无力，因而图解的方式成了最好的一种选择。

五、这本书的相当一部分读者将是外国陶瓷艺术家、陶瓷艺术爱好者和关心工艺文化和旅游的外国人士，为了便于他们更好地了解中国瓷都的独特魅力，我用简单的文字对每张图片进行了注解，对一些特别需要说明的地方加以分析，使简单的图解具有不简单的内容。我在景德镇制作陶瓷已有 12 年的历史，系统收集研究工艺过程的资料也有 7 年的时间，不仅选择的工艺环节具有真实性、典型性、代表性，而且更能切入和显示制瓷过程中的关键角度和部位，使图片具有更强的针对性、学术性。

六、此书中已用的 600 余张图片，是从 7 年来所拍的近 2000 张片子中挑选出来的，在相同的工艺和环境中，精选最有说服力的图片。600 余张图片也是在能说清问题的前提下，经过充分考虑，照顾到开本、容量和价格等多方面的因素后确定下来的。我们只有一个心愿：希望此书能成为读者手中值得珍藏的书籍之一。

在此，我要感谢我在景德镇的许多同行和朋友及无数技艺熟练的陶工们，没有他们充满奉献精神的帮助与合作，就不可能产生书中这些精彩的图片。

我更要感谢景德镇这座伟大的城市，在一定意义上，中国当代陶瓷艺术家之所以能在世界文化交流中成为一个被关注的群体，与现代陶艺发达的美、日等国的艺术家平等对话，要归功于创造灿烂陶瓷文化的真正主角——景德镇的贡献。各国陶瓷艺术家和文化人在谈到陶瓷艺术时都无不表示出对中国的神往和敬慕，景德镇也由此成了世界陶瓷艺术家心目中的“圣地”。将这个让我们引为骄傲的城市和造就这个城市的特殊而神奇的制瓷技艺全面、系统地介绍给广大的读者，尤其是外国的陶瓷艺术家同行，是我——一个传统陶瓷大国盛名的受益者心中的愿望和理想。本书旨在让更多的人来分享这个古老城镇的技术之美、工艺之美、文化之美，并倾听这些纯朴陶工心底的欢歌。

谨以此书献给这座让中国人引以为豪的城市——景德镇。

白明

目录

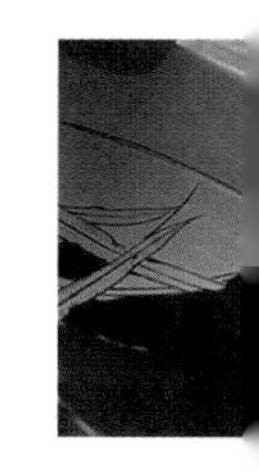

第一章 瓷都景德镇

Jingdezhen, the Porcelain Capital of China

景德镇位于江西省东北部，地处江西、安徽两省交界处，与浙江省相近。著名的旅游胜地庐山、龙虎山、三清山、黄山、九华山环绕四周，千岛湖、鄱阳湖东西辉映，全境处于黄山、怀玉山余脉与鄱阳湖平原的过渡地带。景德镇东北和西北部多山，东南部多丘陵、平原，地势由东北朝西南倾斜而下。

景德镇自然条件优越，属亚热带季风气候，年平均气温约 17.1℃，平均无霜期 248 天，雨水充沛，日照充足。温湿的气候极适宜各种农作物和草本植物的生长，自然植被茂盛，尤其盛产松木、杉木和毛竹，所产茶叶也极为有名。而最为重要的是，景德镇所处山区地下富含瓷石、高岭土等优质制瓷原料，且储量巨大。境内主要河流以源于安徽省祁门县大洪山的昌江为主，自北向南贯穿全境，并经鄱阳湖与长江相连，直通东海。景德镇境内的三条支流——东河、南河、西河也于不同地点汇入昌江，且支流流经之处多为制瓷原料和燃料的重要产地。在古代陆路交通不畅的情况下，昌江及其支流的水路运输对景德镇制瓷业的发展起到了重要的作用。景德镇因主要位于昌江之南，古称“昌南镇”。宋代景德年间，“昌南镇”更名为“景德镇”，并以“白如玉、薄如纸、明如镜、声如磬”的精美瓷器著称于世，成为名闻天下的“瓷都”。

淘練泥土

造瓷首需泥土淘練尤在精純土星石子定帶瑕疵土雜泥鬆必至坼裂淘練之法多以水缸浸泥木鈀翻攪標起渣沉過以馬尾細籮再澄雙層絹袋始分注過泥匣鉢俾水滲漿稠用無底木匣下鋪新磚數層內以細布大單將稠漿傾入緊包磚壓吸水水滲成泥移貯大石片上用鐵鍬翻撲結實以便製器凡各種坯胎不外此泥惟分類按方加配材料以別其用幅中所載器具人工描摹淘練情形悉備

清代唐英编撰的《陶冶图说》中的插图和文字

明代宋应星《天工开物·陶埏》中的插图

21 世纪初景德镇昌江水道

21 世纪初景德镇主街道

景德镇的胡同

山清水秀瑶里镇

风景秀美天河谷

景德镇一幢独特的建筑

瑶里古窑址

湖田窑遗址陈列馆（现景德镇民窑博物馆）

景德镇陶瓷历史博物馆（现景德镇陶瓷民俗博物馆）

景德镇陶瓷馆旧馆

龙珠阁（原御窑遗址）

21 世纪初景德镇的煤窑仍有不少在生产

专门销售仿古瓷的樊家井

销售普通艺术瓷的老厂

注浆仿古瓷作坊

销售各种彩绘颜料及画笔工具的门市部

销售较高档艺术瓷的陶瓷大世界

闹市中心的莲花塘

第二章 瓷泥的开采与加工

Quarrying and Processing Porcelain Clay

景德镇瓷器的精美与采用丰富质优的制瓷原料密不可分。

瓷石和高岭土都是重要的制瓷原料，但瓷石属石质原料，高岭土属土质原料。瓷石通常呈灰白或灰青色，经粉碎加水后，具有一定的可塑性，干燥后具有一定强度，可单独成瓷，烧结后呈白色。高岭土俗称“瓷土”，因首先发现于景德镇以东 45 千米的东埠高岭山而得名。高岭土呈白色，含杂质时可呈黄、灰、玫瑰等色，耐火度约 1735℃，可塑性和黏结力较差，不能单独成瓷，烧结后呈白色。瓷石与高岭土的矿物成分不同，成因有别，在开采和加工方法上也有区分。

瓷石采集后，先以人工用铁锤敲碎至鸡蛋大小的块状，再利用水碓舂打成粉状，然后经过淘洗、沉淀、除渣、稠化去水，最后制成形似砖头的泥块，名为不（dǔn）子（俗称“白不子”），即可出售给各配制瓷泥的作坊使用。此种瓷石加工方法，历史久远，应与景德镇制瓷历史同步。现景德镇使用此原始方式制备瓷土原料的仍有不少，在湖田和三宝等地还比较集中。一般户主除隔一段时间来清换水碓中的原料和淘洗泥料外，平时水碓棚均无人看管，省时省力。

瓷石舂细后，陶工用闸板截挡住水流，使水碓停止运转。然后用铲子将舂细的瓷石铲入淘洗池中搅拌、淘洗。其中颗粒较粗和重量较大的，迅速沉到池底，而细粉状的则溶入水中，成为混浊浆状，再用木舀桶舀入排沙沟，其中较粗的颗粒再次沉降在排沙沟里，较细的则流入沉淀池。待充分沉淀后，将上部清水放回淘洗池，沉淀后的浆体舀入稠化池进一步沉淀浓缩，然后舀入泥床，待干涸到一定程度时，将泥置入砖形的木模内，制成瓷石不子。至此，瓷石加工便已完成。

闻名于世的景德镇高岭山

明代挖掘高岭土的矿坑——冷风洞

待舂细淘洗的瓷石

冷风洞附近的古淘泥池

淘洗高岭土后排出的尾沙渣料

瓷泥的开采与粗加工

高岭土的使用是我国乃至世界制瓷史上的一次重大革命，不仅扩大了制瓷原料的来源，而且改变了瓷器的性能。原来单一的瓷石泥料（史称“一元配方”）只能烧至1150℃左右，为软质瓷，制品变形率较高，胎色也不够白净。在瓷石原料中加入高岭土（史称“二元配方”）可烧至1330℃左右，不仅降低了制品的变形率，也让泥料的工艺性能更加适宜成型和加工。高岭土是一种疏松的土质原料，较易开采，且无须粉碎，可直接进入淘洗。

传统的淘洗方法是在山坡上挖好水槽，并在地势较平缓处开挖三个淘洗池。池底及四壁均用砖或石块砌成，池与池之间以沟槽相连，并设闸板开关。在第一个淘洗池前方还需另设一排沙槽，以清除杂物。高岭土采集后，利用溪水将其冲下。在此过程中，沙石和粗料杂质沉于槽底，被高度约为槽深一半的闸板挡住，而细土则化成泥浆通过闸板上部流入淘洗池，在淘洗池稍作沉淀后，让上部的泥浆进入第二个淘洗池，再如法进入第三个淘洗池，让其充分沉淀，再放掉清水。待各池中的高岭土成为稠泥后取出晾晒至一定程度，再制成规格一致的砖形不子，每块约2千克，即可进入坯坊配制原料。在淘洗过程中，要及时清理槽底的沙石杂物，方法是暂停输送泥料，抽出“高岭土淘洗示意图”中的闸板1和闸板2，让水将槽底的沙石杂物冲掉。不同淘洗池的瓷土由于软硬粗细不同，可适应不同的瓷器成型要求。

景德镇瓷器胎质细腻、釉色莹润，造型款式多样，制作技艺精巧，素以“白如玉、薄如纸、明如镜、声如磬”的独特风格著称于世，其产品之精致，令人叹为观止。景德镇瓷器独特风格的形成，正是当地所产优质原料打下的基础。

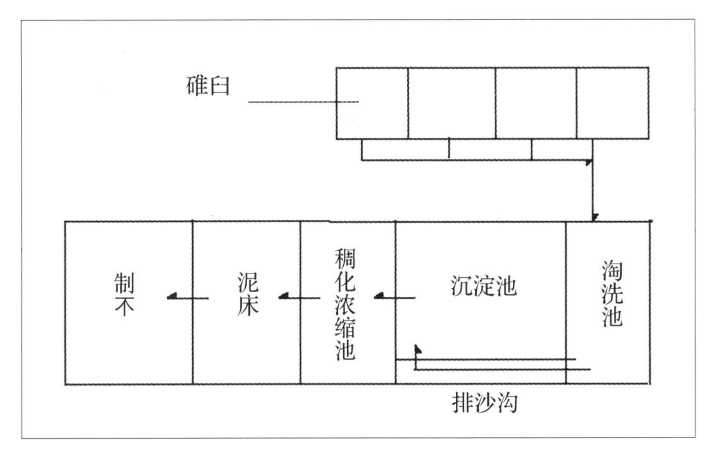

瓷石淘洗制不流程示意图

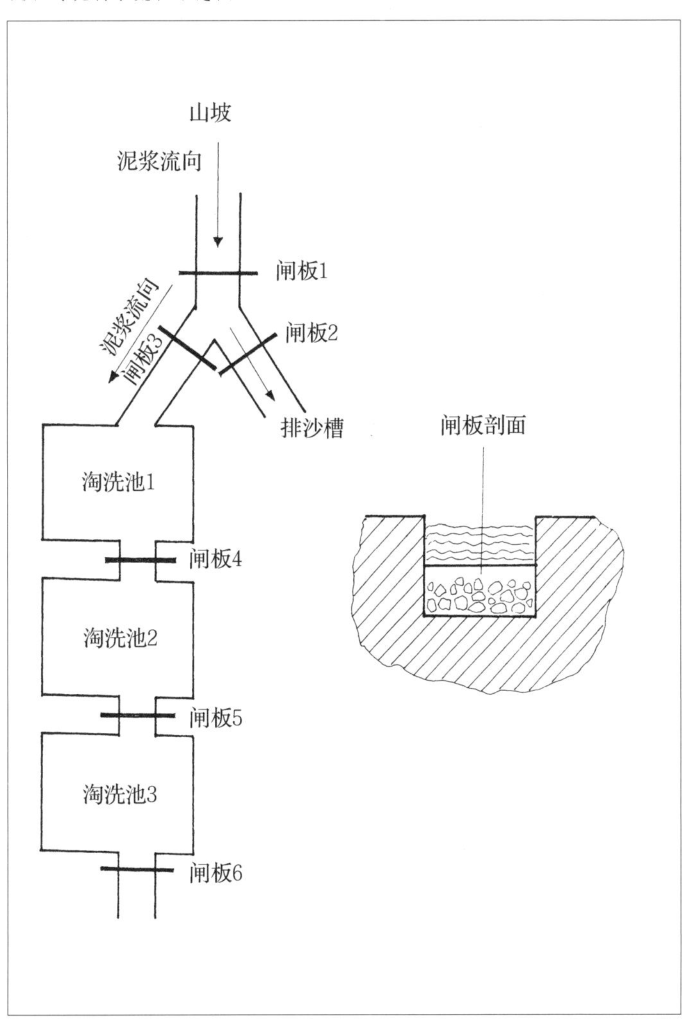

高岭土淘洗示意图

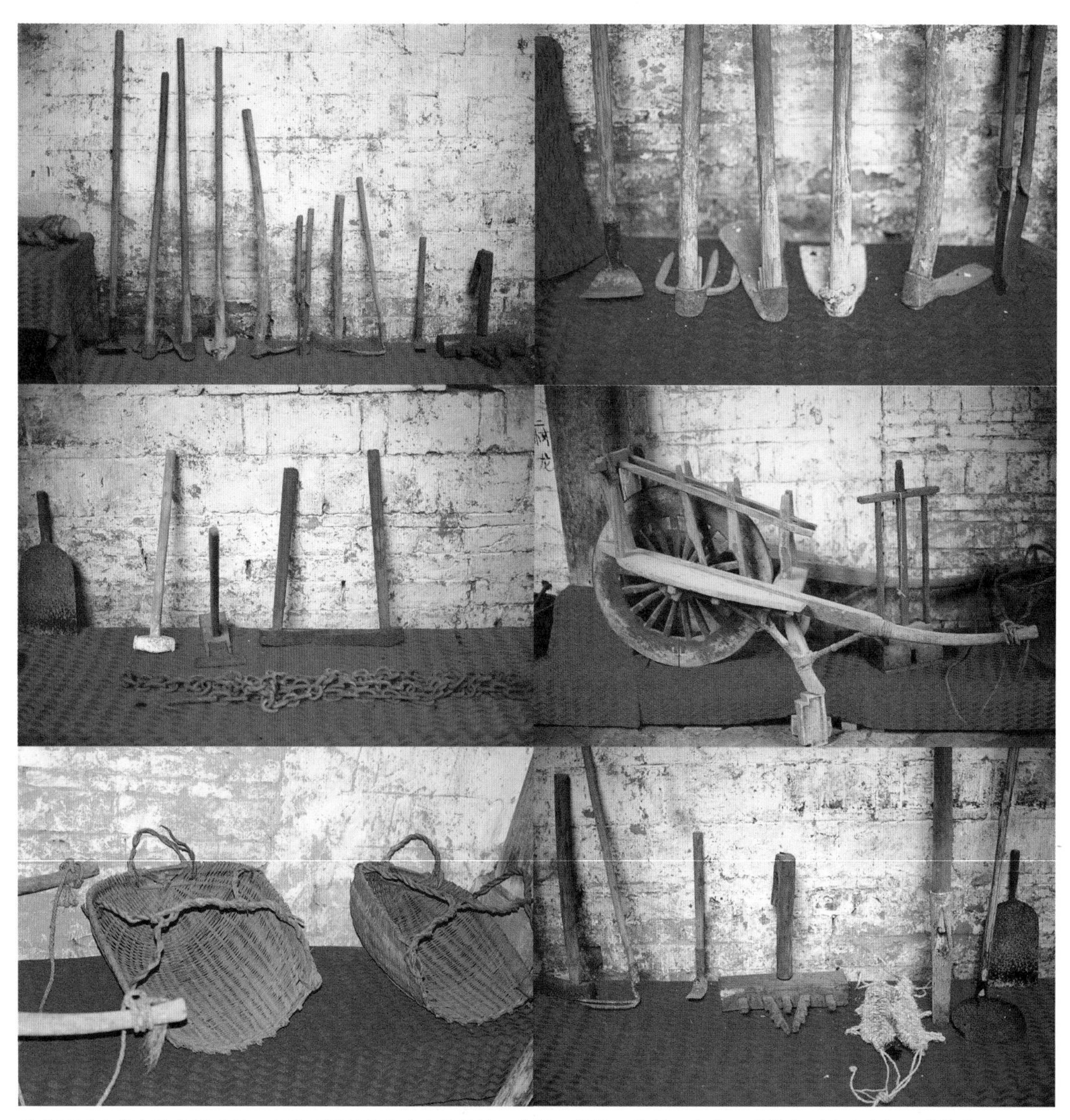

开采瓷石、瓷土的主要工具：各种不同型号和大小的铁锄、铁耙、铁铲、铁锤、土箕、手推车（鸡公车）、草鞋等

景德镇湖田村的水碓棚远景

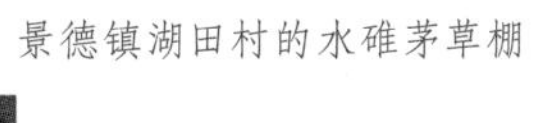

景德镇湖田村的水碓茅草棚

湖田村水碓棚内景

景德镇三宝村的水碓棚远景

三宝水碓棚近景及内景

三宝水碓棚内景的另一侧

瑶里绕南村水碓棚

景德镇陶瓷研修苑的水车

水车引水入口处

水车转轴处的板头

不同水碓棚中的水碓在不停地“忙碌”

碓嘴的自重力将碓坑中的瓷石击碎

当瓷石粉碎适当时，使水碓停止运转或卸下碓杆，清理碓坑中的瓷石粉料

将舂细的瓷石粉铲入淘洗池中淘洗

水碓棚内常用的工具

粗淘过的泥浆

淘洗后的渣料

泥耙和木舀桶

淘泥池

排沙沟

沉淀池与稠化浓缩池

泥床与沉淀池

泥床

制不工艺

不子，形似砖头，是景德镇制瓷业中的俗语，为泥、釉配制的基础计量单位。不子的重量基本一致，每块约 2 千克，便于后期配制原料时按比例取用。

三宝淘泥制不坊

制不用的托板与砖型模具

割泥线　取泥团适量

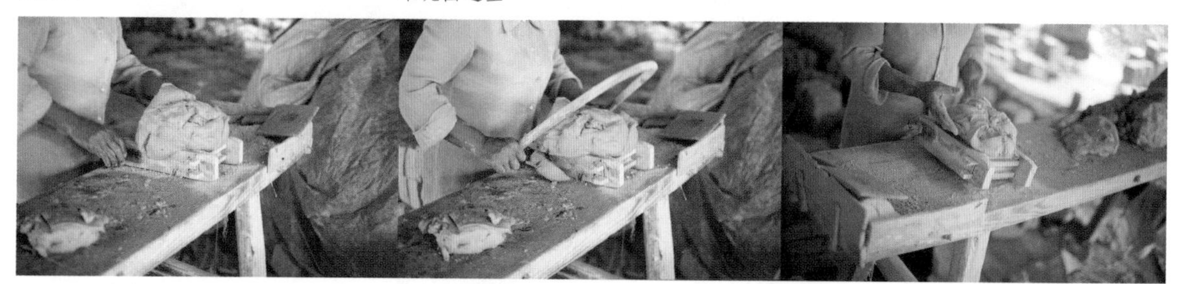

用力将泥团摔入模具中　用割泥线将模具外的多余泥团割离　取去多余的泥块

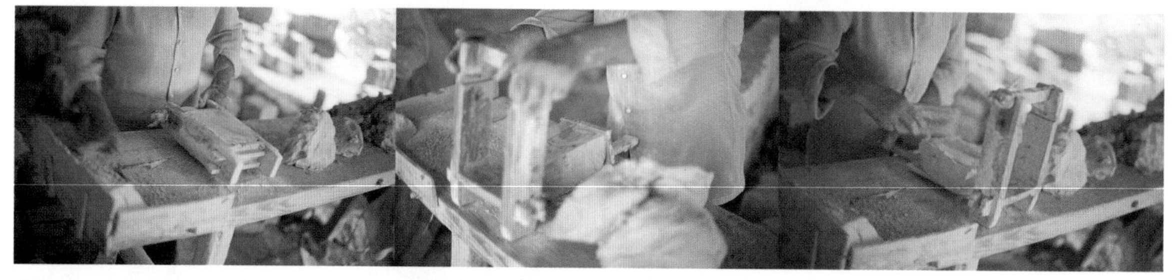

开模　取坯

清理模具，去除黏泥备用

不同水碓棚中已做好的不子

制瓷作坊结构

景德镇传统制瓷作坊，俗称“坯坊”，是成型操作的主要场所。现今所存的制瓷作坊是经过长期演进定型下来的。

景德镇制瓷作坊系由正间、廒间和泥房三座单体建筑组合而成的庭院式建筑，是成型操作的专用场所。其中正间为成型操作之处，多取坐北朝南向，廒间为原料仓库，取坐南朝北向，二者相互平行，南北呼应。泥房位于正间西侧，向南伸展而与廒间相接，是泥料陈腐和精制之地。中部为矩形庭院，各间均向内院敞开，四周围有护墙，构成一个封闭式的庭院形式。在作坊建筑的屋顶下，建有穿斗式的木架，木杆按高低不同将两组木架相连（称为“间”），这种架式构造就成为天然的坯架。

在内院与坡阶的临近地段挖设有晒架塘（也称晒架池），晒架塘由晒坯架与水池两部分组成：水池是一方向与坡阶相平行的长方形蓄水池，设于地下，常年贮水；晒坯架设于水池之上，供晒坯用。

池内水分蒸发速度随气温变化。在夏季烈日的照射下，蒸发速度较快，向上蒸发的水分对坯体的干燥速度可以起到一定的调节作用。晒架塘与房坯架仅一过道之隔，从房坯架移挑板至晒架转身即可，在南方下雨时又可尽快将晒架上的坯转至房坯架上，省时省力，其设计的合理性令人叹服。

现在景德镇的制瓷作坊，完全按此标准建造的已不多见，但保留完好并在正常生产的传统成型作坊仍有不少。

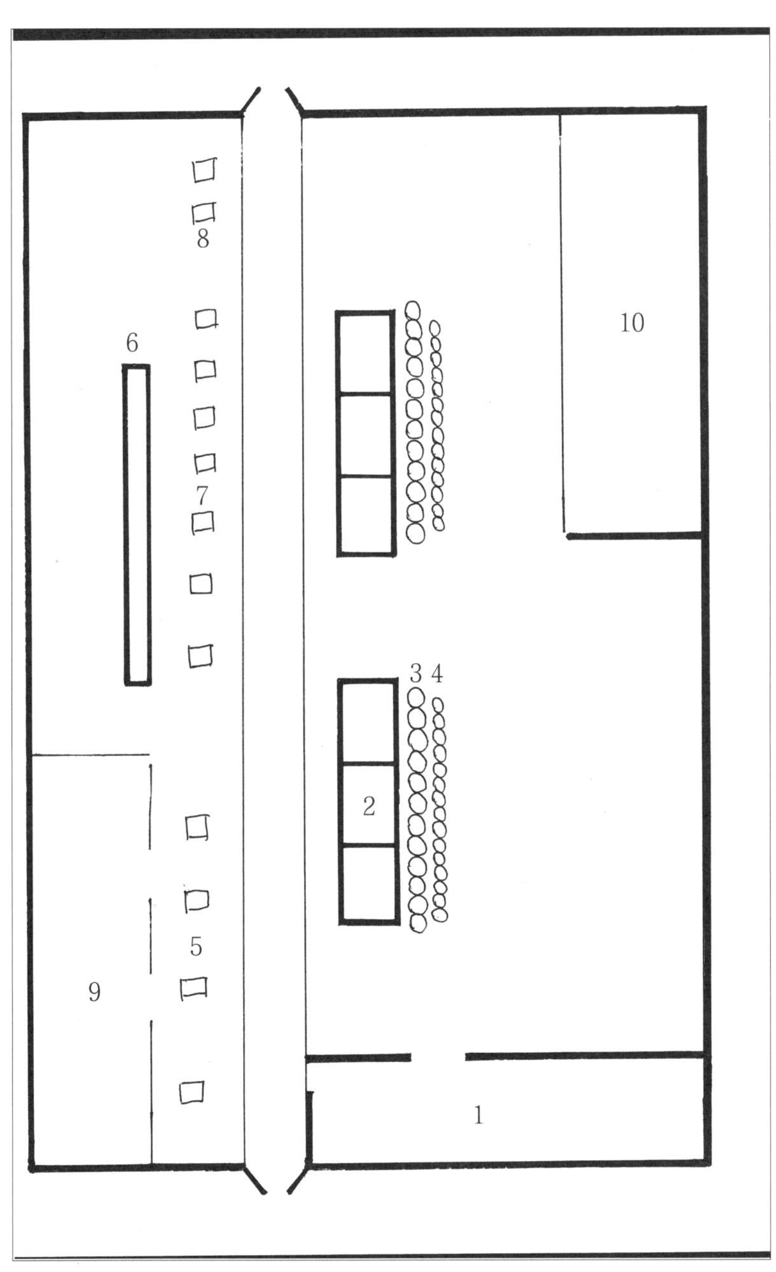

1. 泥料陈腐
2. 晒架塘
3. 淘洗
4. 脱水（晾泥桶）
5. 做坯、印坯
6. 修坯
7. 补水、施釉
8. 画坯、刻花
9. 存坯间
10. 洗料房

景德镇制瓷作坊结构布局示意图

景德镇古窑建筑外景局部

供奉窑神的场所

景德镇古窑景区内景

景德镇古窑景区内的优美环境

景德镇古窑成型作坊内景之一

景德镇古窑成型作坊内景之二

景德镇古窑成型作坊正间场景

正间上方的坯架结构

景德镇古窑成型作坊晒架塘上正在晾坯

打杂工正从晒架塘上将晾晒的泥坯转收至正间的坯架上

晒架塘

廒间为原料仓库

仿明清建筑的“景德镇瓷苑”作坊外景

泥料的精淘制备工艺

瓷石和高岭土开采出来以后，经过粉碎、淘洗等工序制成不子，再运到坯房供制泥用。这些不子不能直接拿来做瓷胎和釉，需要再精炼、加工，配制成适用于各种瓷器的坯料和釉料。

经过淘洗，可除去原料中的粗杂颗粒。按照景德镇的传统经验，淘澄泥料的细度是根据粗桶内澄清水的深度和泥锅舀水数的多寡来控制的。

然而，大件产品如缸盆之类所用泥料，则无须反复淘澄，可使其中存有少量粗渣。这种粗渣泥料所含溶剂成分少，且颗粒粗细搭配较为合理，对减少干燥和烧成收缩有明显的好处，可防止制品变形开裂，适宜于大件产品的工艺性能要求。

传统的泥料淘洗操作在淘洗桶内进行。淘洗桶由三个并排放置的木桶组成：中间一桶为椭圆形，称“粗桶”；粗桶两侧各置一圆形木桶，称“细桶”（粗、细系针对泥料粗、细而言）。三个桶成“一”字形排列，俗称“一副桶”（即“一套”之意）。桶的副数多寡，根据坯坊生产规模大小而定。此三幅图拍摄于不同的制瓷作坊

淘泥的一副桶，粗桶内为“泥锅”，左桶上为铁耙，右桶上为细目筛

淘洗泥料时，先于粗桶中盛水，并放入一木栅（或篾箕），按比例将一定数量的原料不子击碎放入木栅（或篾箕）内，浸入水中自然化解成浆。由于自然化解过程费时较长，故通常在傍晚进行，浸料过夜，便于次日精淘。精淘时，首先取出木栅（或篾箕），将其内较大颗粒杂质排除

用铁耙将桶内已沉淀的原料搅拌成浆液

手法变化，用力往上提铁耙，使泥浆搅拌更均匀

用浅锅舀水注入粗桶

从粗桶中舀泥浆过细目筛入细桶

细目筛中置磁石除铁

耐火材料的多孔性有利于较快滤去泥浆中的水分

将过滤后的泥浆分别注入若干搁泥桶。搁泥桶原为木质，后改用大匣钵

泥浆在搁泥桶内，与桶壁接近的部位自然滤水容易，故泥浆固化较快，而中心部分依然泥有较多的水分，因此工人时时以手入桶搅拌泥浆，以加速其滤水过程

待泥浆呈浓稠状态后，用手揉起，移入泥房陈腐

踩泥前需清理地面

没有青石板的地面可铺布单。用泥铲铲泥，用力拍打成“品”字形状

用赤脚有规则地踩练，沿边缘打圈向中心方向踩练，要求一脚压一脚，俗称“踩莲花墩”

已踩好的泥料

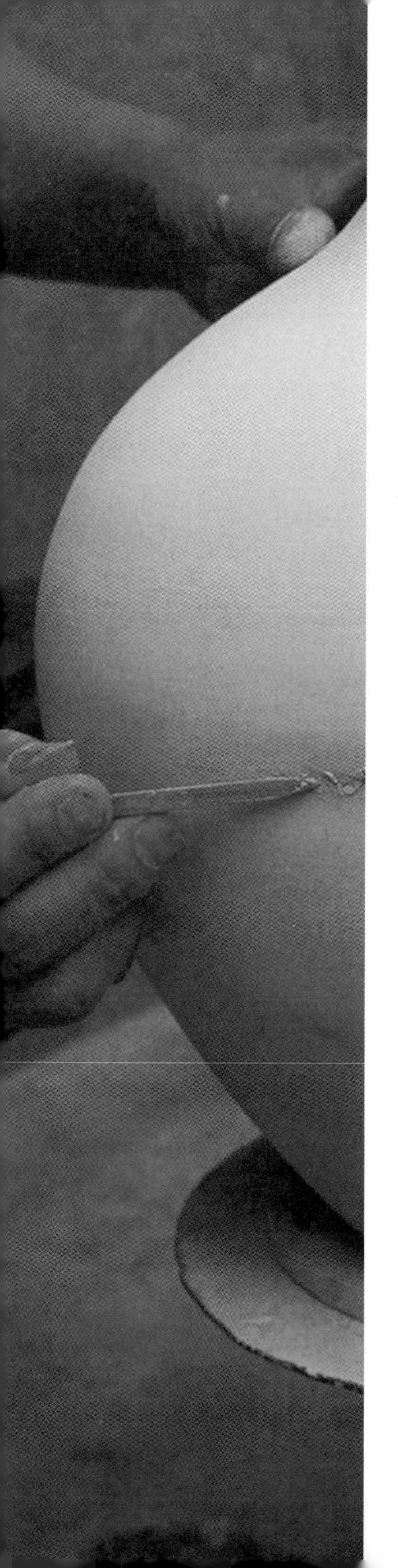

第三章 成型技艺

Shaping

经数千年的发展和改进，景德镇手工成型技艺已达到了炉火纯青、“无所不能”的境界——大至两人多高的器物，小到一指大小的产品，厚至3厘米左右的大缸，薄似蝉羽的薄胎器，无一不是依靠双手完成。景德镇瓷工自宋代以来便特别注重瓷胎的加工，并以其成型技术独领风骚。

景德镇瓷器按照传统分类方法，可分为圆器和琢器两大类。圆器是指造型简单的碗、盘、碟类制品，基本上无须内修坯，并借助模具定型；琢器是指造型较复杂，须内外精修坯，不借助任何模具制作成型的制品。此二者在成型技艺上虽有所不同，但基本方法相差不大。

拉坯，是成型的最初阶段，也是器物的雏形制作阶段。拉坯成型首先要熟悉泥料的收缩率，景德镇瓷土总收缩率大致为18%—20%，可根据大小品种、不同器型及泥料的软硬程度予以放尺。

古窑渣胎碗的拉坯工艺

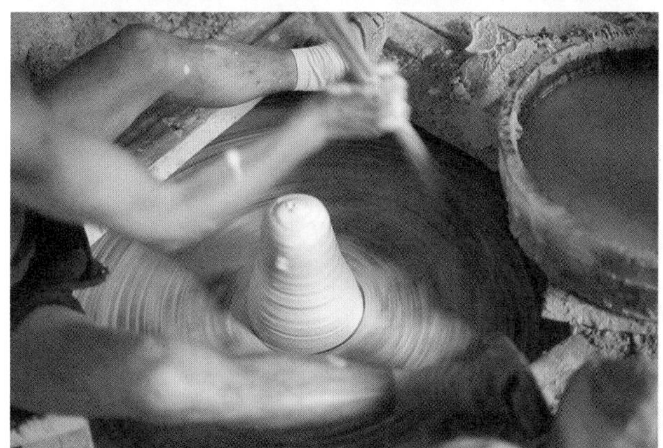

用木棍拨动陶车转动，转速快慢视器物大小而调整

将泥团摔搭在陶车转盘中心，双手蘸水将泥团包紧，称作“把正”

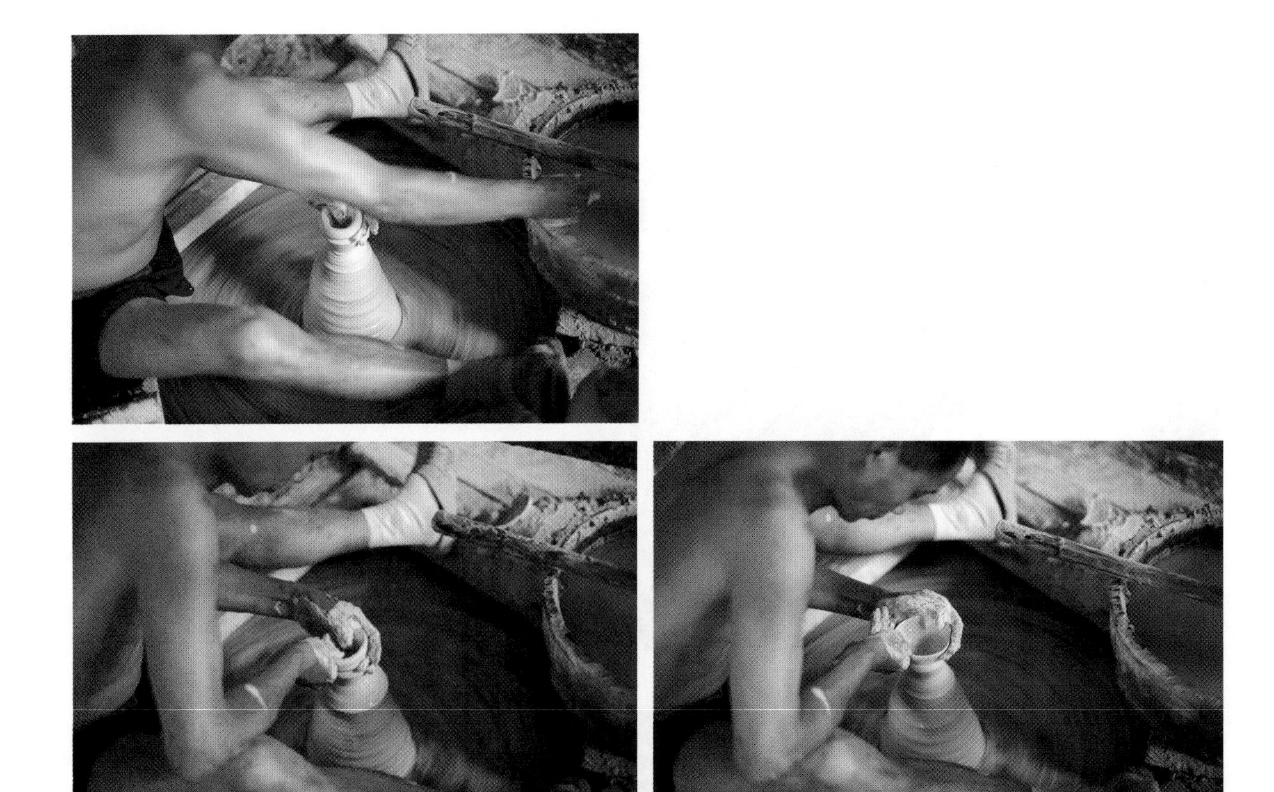

拉坯时双手分别在泥柱上端捏泥，泥量的多少视碗的大小而定。熟练的拉坯工，一般是将把正、拔高连通在一起操作。拉碗时将大拇指从泥柱中心插入并徐徐向两边扩成喇叭状，再一手内一手外按碗壁弧度拉出碗形

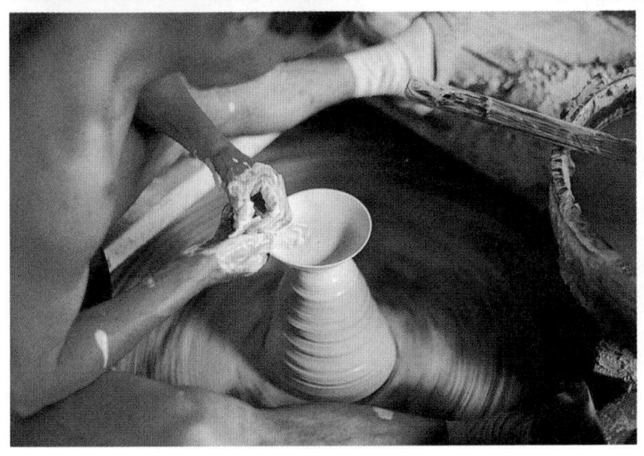

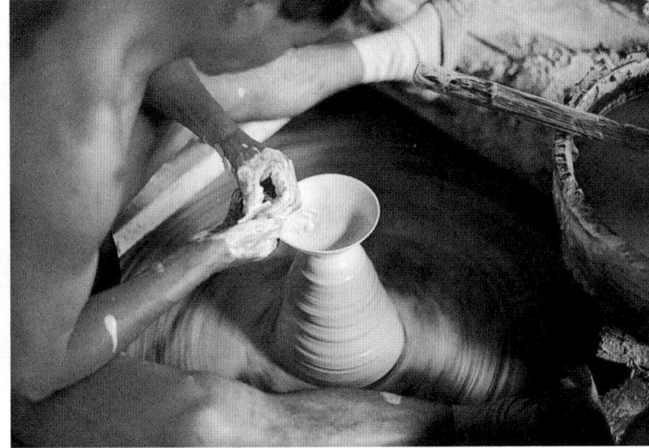

以弧形竹片或牛角片（俗称“型板”）校正碗壁曲线和口径大小

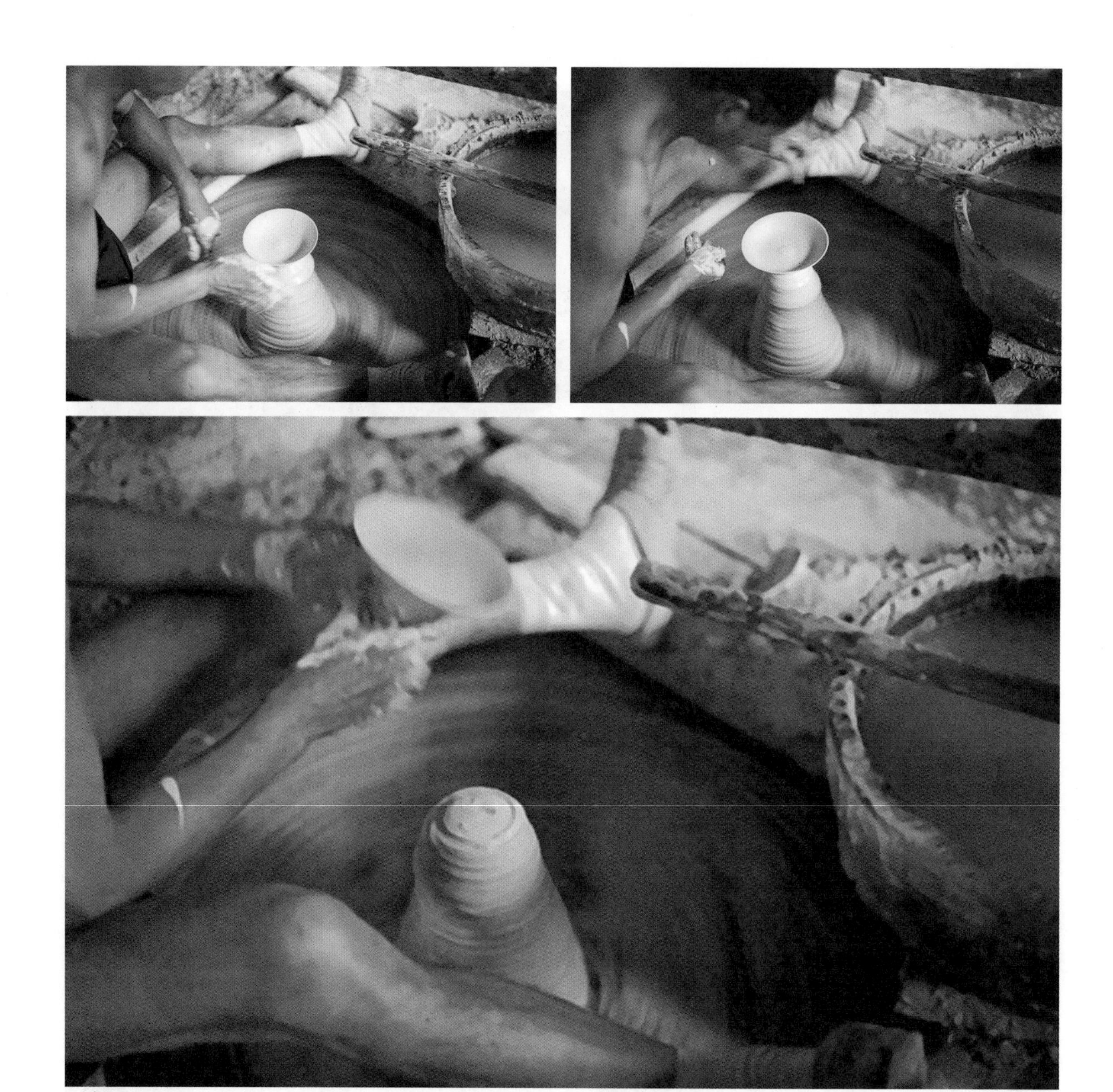

拉坯成型后，在碗的底部用手指把碗坯与余泥捏断，斜放在长形料板（也称挑板，长约2米，宽约10厘米，厚约2—2.5厘米）上，俗称“栽坯”。此项工艺看似简单，实则不易，关键是每个碗的碗形、大小均须相差无几。泥量的控制，仅这种量感的把握就不是一两年可以达到的

渣胎碗的印模、修坯、打箍工艺

渣胎碗是景德镇陶瓷成型过程中少有的一次拉坯基本到位、修坯较少的品类之一。由于初坯栽在料板上均有不同程度的收缩变型，且手工拉坯难保件件符合要求，故需在一定规格标准的模子上印坯定型。印坯模范一般以山土制作，经烧结而成，有一定的吸水性和坚实度，其形状与需定型的碗壁形状一致。

将碗反扣在印坯模范上定位，以木板拍打坯底，使之紧固，然后用双手拍打坯体外壁，边拍边转动，使整个坯体内形与模范完全吻合

用手抓紧碗足的泥将碗提起

古窑制碗修坯车间

用木棍拨动转轮

用补水笔在已干的碗坯外侧刷水，以利修坯

在修坯座上将碗打正

使用专用修碗工具修坯

用青花色打箍

已画好待烧的民间传统稻草纹渣胎碗

揉泥、拉坯工艺

在拉坯之前，需先将泥房内经过陈腐的泥料取出踩练。踩练的第一步为踩泥，俗称“踩莲花墩”。然后再以手工揉泥，景德镇称“挪泥”，主要目的是将泥料中残余的气泡以手工搓揉的方法排出，并使泥料中的水分进一步均匀，防止烧成过程中产生气泡、变形或开裂。揉泥大致有两种方式：一种类似揉面，泥形呈旋涡状；另一种形似羊头，俗称“卷羊头”，景德镇大都采用此方式。揉泥操作一般是在一条长板凳或平整的青石板（俗称“码头”）上进行，泥凳前低后高，便于用力。操作时于凳面上垫一白布，操作者骑坐在凳上双手用力揉压泥团，依次将空气排挤出。搓揉成长条形后，竖起压短，进行第二次搓揉。如此反复数次即可。

拉坯是成型的第一道工序。由于景德镇瓷泥的柔软性，且需内外修坯，拉制的坯体均比其他黏土要厚。拉坯不仅要注意到收缩比，还应注意到造型。根据不同的造型，较大的制品还要分段拉制。从在哪个部位分段，可以看出拉坯师傅的技艺好坏和水平高低。

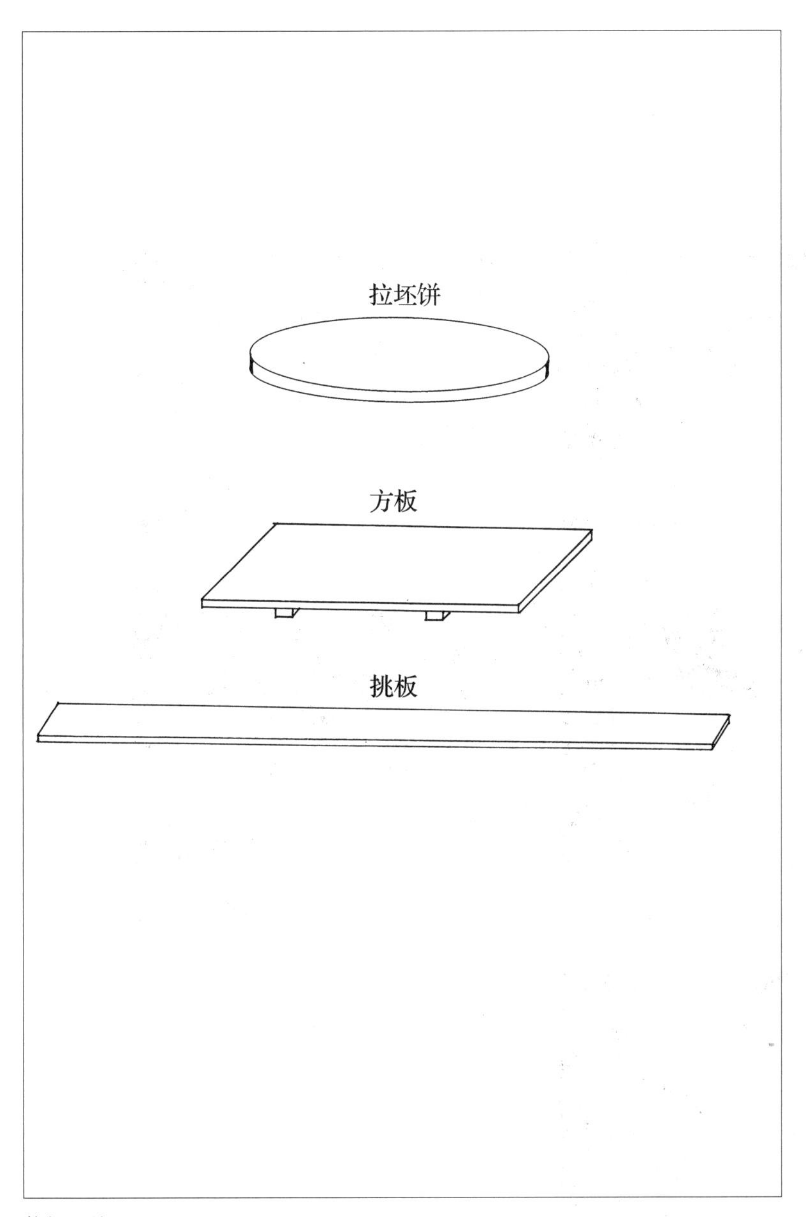

拉坯工具

揉泥

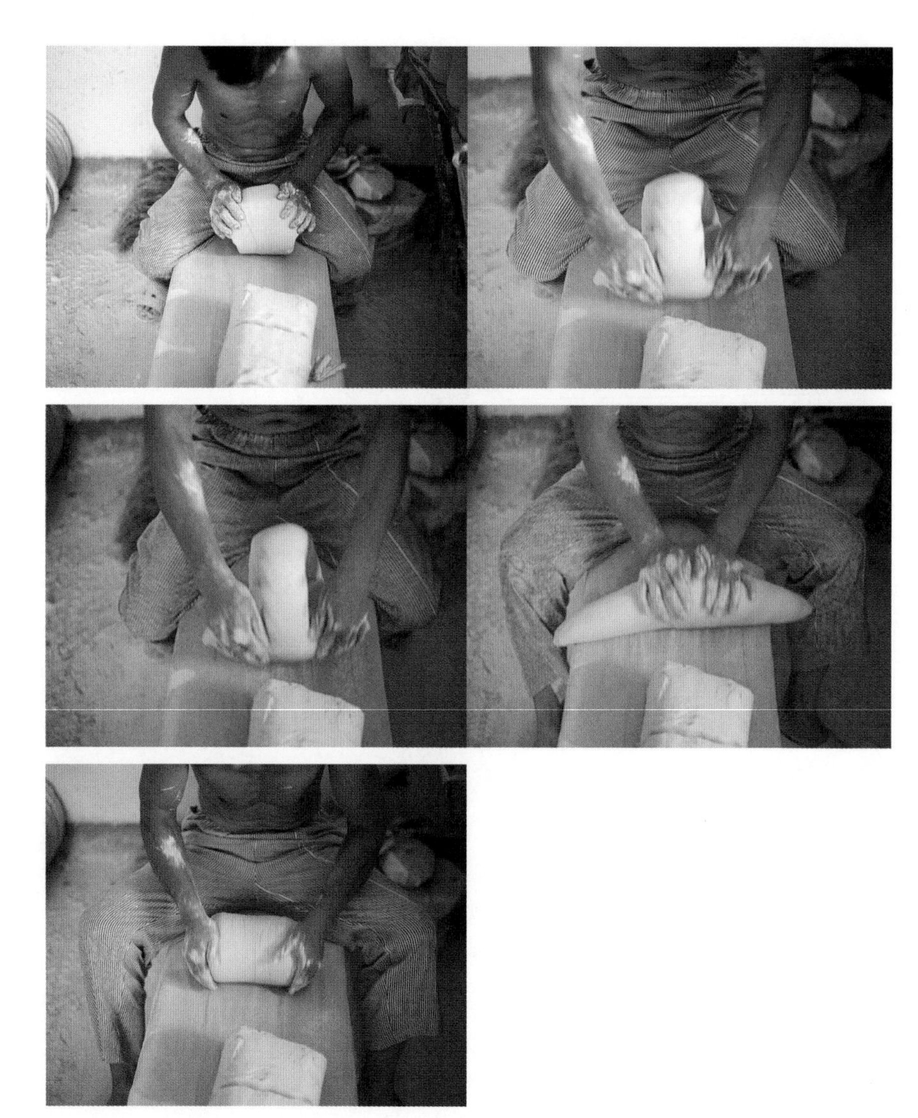

揉泥工艺。每团泥量均需一致

拉制直形杯

将揉好的泥团用力摔搭在拉坯饼中央，并把正。然后缓缓向上捧起，使之在拉坯饼中心竖起变得细长。再用手掌徐徐向下压，又使泥柱变成粗短扁平状。如此反复数次揉练，以消除因摔搭而产生的泥团内应力或细裂纹，也可使揉泥时留下的少数气孔在反复拔高压下过程中得到释放

拉制直形茶杯

在旋转中用手指将坯体与余泥捏断取下

拉制瓶型

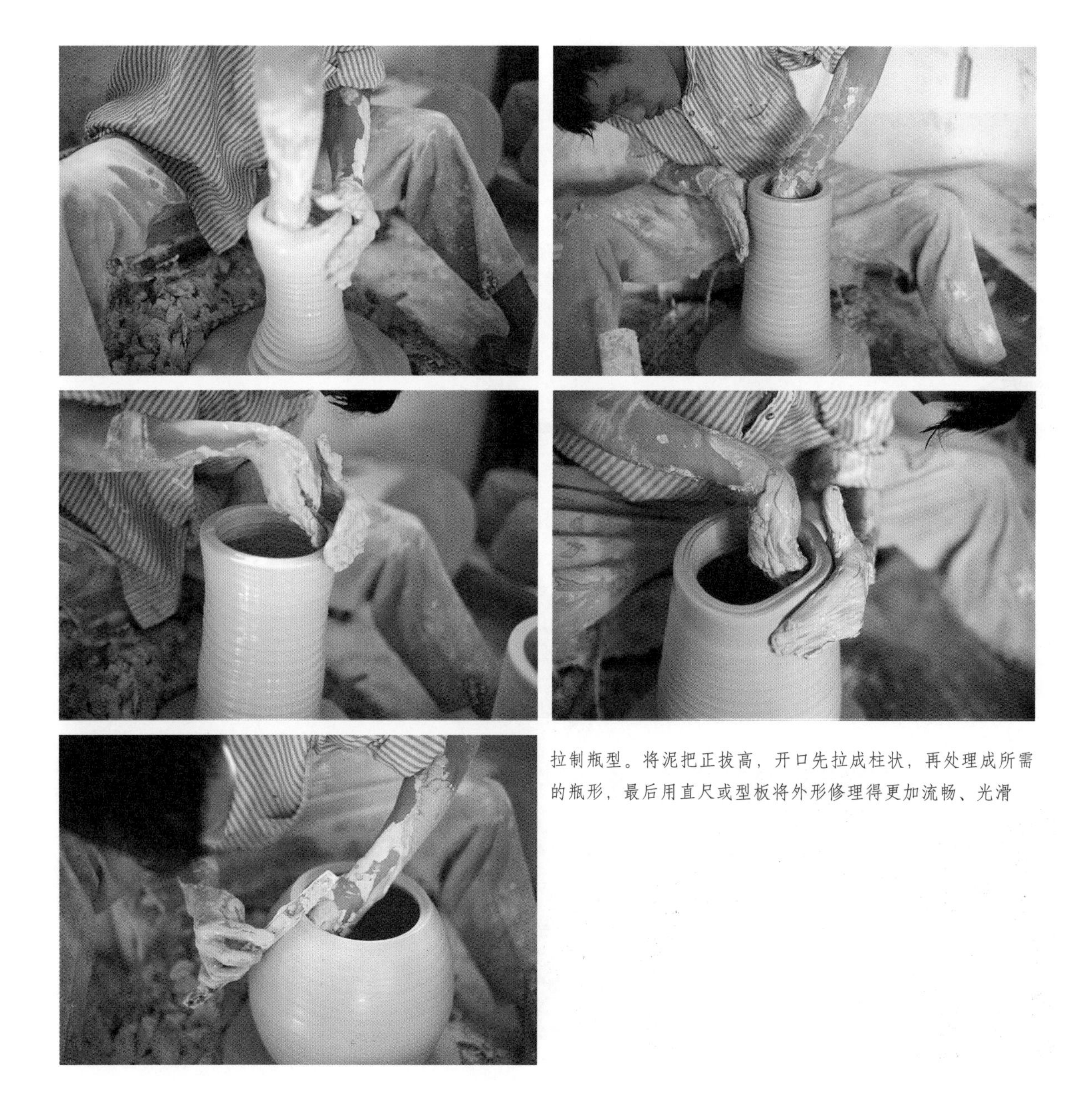

拉制瓶型。将泥把正拔高，开口先拉成柱状，再处理成所需的瓶形，最后用直尺或型板将外形修理得更加流畅、光滑

拉制开口大钵

将泥把正，并重复“拉制直形杯”部分所述工艺

在泥已把正后，再根据需要增加泥量

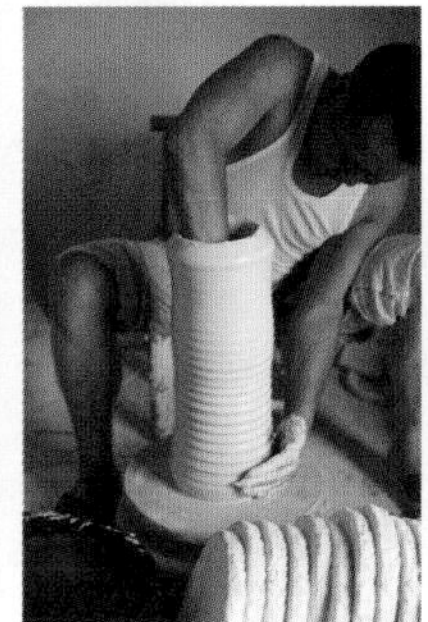

开口、拔高成桶状

内外加泥浆水适量，使坯面光滑一致，以保持拉坯时力度和速度的均衡。切忌加清水，以防产生裂底缺陷

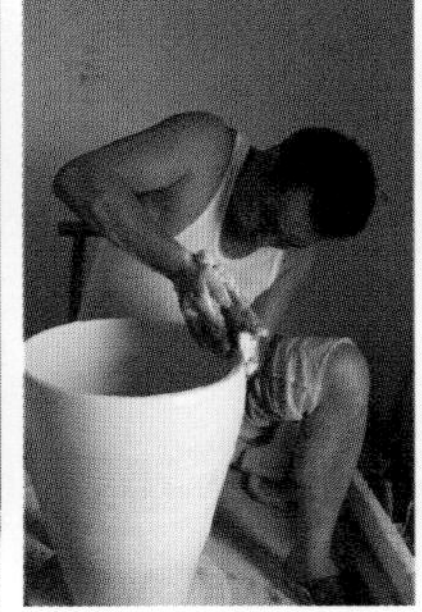
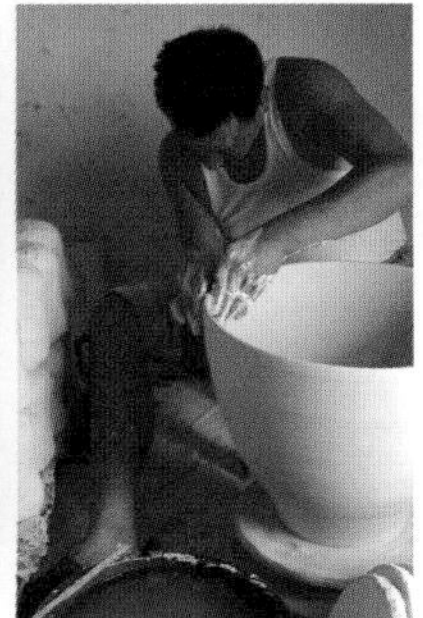

继续扩口至成型

拉制 1 米大盘

清理拉坯饼（拉坯饼分耐火材料制和木制两种）

在摔泥之前先将拉坯饼用水润湿，以增加与泥的附着力

拉制大钵工艺的前期，加泥、把正

开口并拉成直桶状

加适量泥浆水

慢慢扩展成大盘

在已成型的大盘内用手指压划出旋涡纹

量盘口确认大小

由四人平稳抬出晾放。抬坯也有许多的讲究，最重要的是需要各自用力均匀并保持平衡，配合适度，否则会使盘口变形

超大型瓶的拉坯工艺

超大型瓶的拉坯由于体力消耗较大，一般需两人共同完成，注意事项与前面介绍的拉坯工艺一致

超大型瓶一般需分 5—6 段完成，并编号晾放，以便修坯时按号分段修整

整坯工艺

口径不大的杯、碗类坯件需进行整坯。在坯件干至约六成时（以手持坯件不变形为宜），用泥刀将杯足多余的泥料切下，并用刀背或刀把敲击坯底，使泥料压紧，最后摆放在拉坯饼（或挑板、方板）上即可。此工艺可有效防止口、底干燥收缩不一致造成的裂底缺陷，也可减轻利坯工的工作量并充分利用回头泥

割底工艺

已拉成的坯件，在干燥过程初期须及时割底，以防止产生裂底缺陷。割底采用一根细金属丝或细丝线，在两头扎上布条以便使力。用割泥线紧贴拉坯饼，双手用力将割泥线通过坯底水平拉出。每隔一小段时间重复上述过程，直至坯体在干燥到一定程度时与拉坯饼之间可移动分离

镶器成型工艺

镶器成型是景德镇的传统成型方法之一，基本工艺并不复杂，但要做好也不是一件容易的事。第一步是将泥料放在麻布或普通布单上拍打滚压成片，待干至一定程度时，再用泥浆镶接，干燥后对表面加以修整即可成器。大件镶器在制作时极为耗时，主要是泥板的干燥采取自然阴干方式，稍急则成废品。泥板的平整也很讲究，几乎全是人工用刮刀刨出来的。黏接时，提拿泥板很需要技术，用力不当极易破损，一般要多置几块泥板备用，以免破损后另做泥板干湿度不一致。如不是专学此道是很难做成的。

正在使用中的镶器工作台

景德镇的镶器，不仅能做规整的方器、三角器、菱形器等，还能做具有曲线动感的异型瓶。

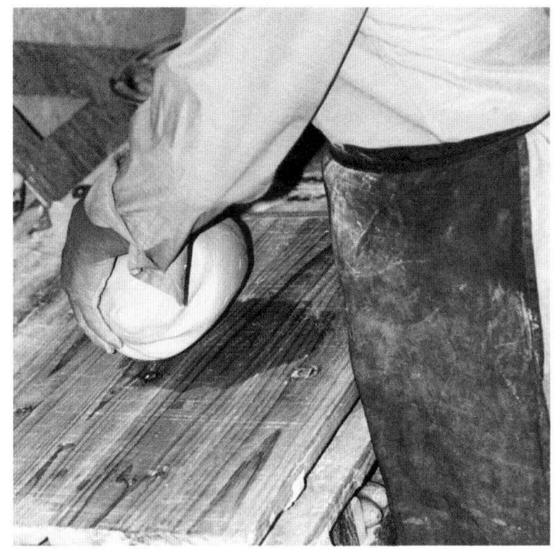

揉泥

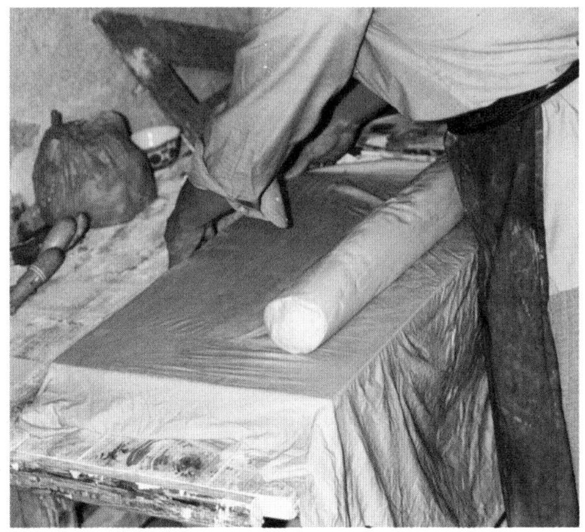

将揉好的泥置于湿布之上

压平

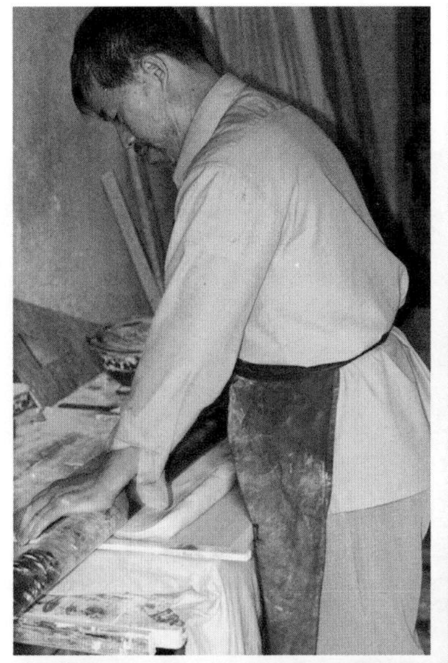

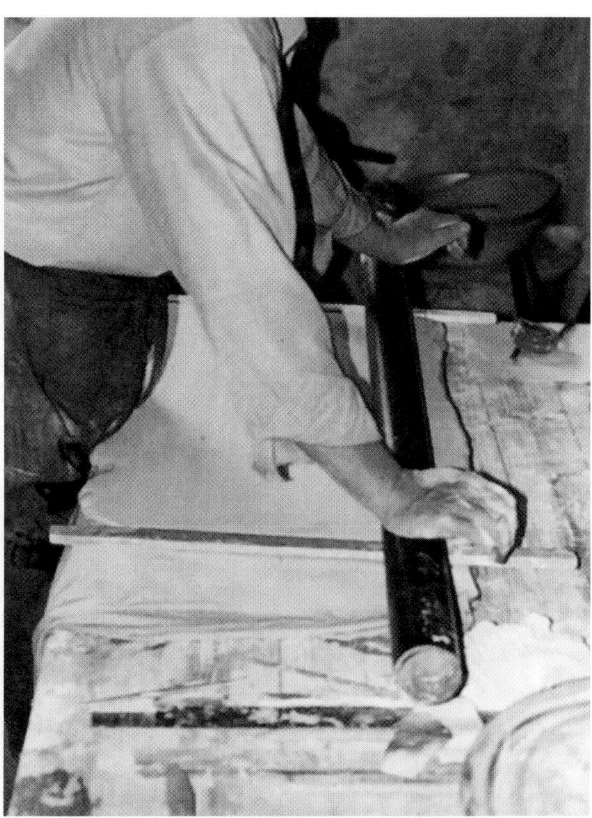

在泥的两端放置比所需泥板略厚的平整木条，然后用圆木或圆铁管将泥滚压成厚薄一致的泥板

用直尺刮压泥片，不仅能使之更平整，而且更容易发现气泡缺陷

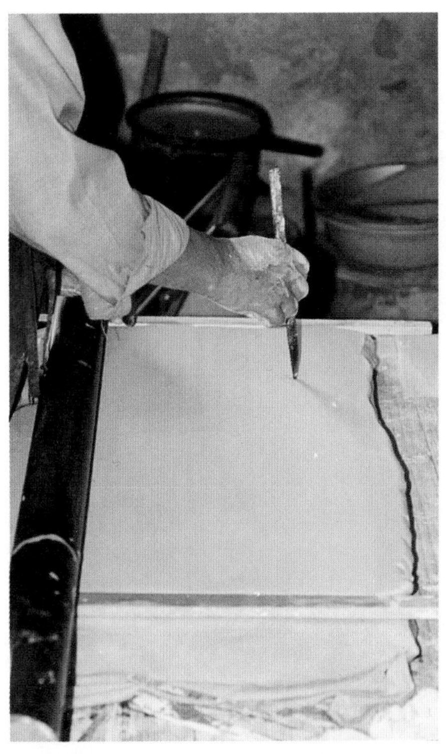

用尖刀将有气泡的地方割开，并重新压平

将泥片边缘裁平

晾晒泥板的平台

将已制成的泥板转放至晾泥台上

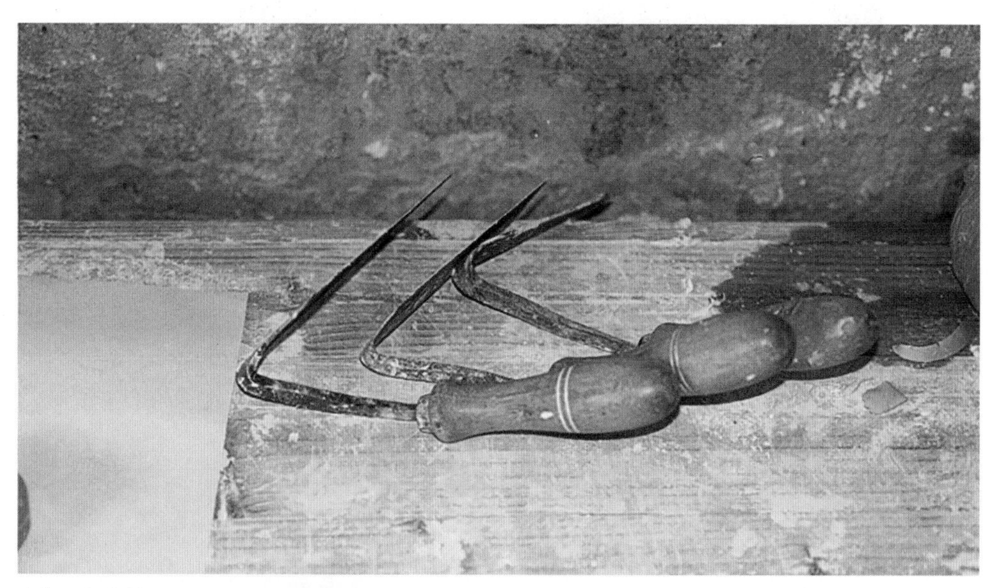
专修泥板的刨刀

用刨刀修整泥板。用力的轻重和方向、角度均有一定的讲究，否则不易刨平

暂时不用的泥板要垒叠放置，并覆盖塑料薄膜以防干燥过快

准备镶接的泥板

镶接用的泥浆须用与所接泥板一致的泥料，并调至浓稠合适

在黏接前最后一次修整泥板

使用前充分搅动泥浆

依次黏接好所需的造型（较大型的镶器需多人合作）

在封口前将内黏接处的多余泥浆处理干净

用刨刀将瓶口切齐

用木条一头轻敲黏接面，使之更加牢固

再用竹尺刮压器型的黏接处，使之平整

在所制镶器外表层基本干爽时，再用砂纸打磨

已制成的三角花器切忌曝晒，需在晾台上彻底阴干

利坯工艺

利坯也称“修坯”或“旋坯”，是陶瓷成型中一道至关重要的工序，能使器物表面光洁、形体连贯、规整一致，是最后确定器物形状的关键环节。内外修坯是景德镇制瓷工艺中一项极为重要并优于其他窑系的成型技术，是形成景德镇陶瓷风格的一门独特的技术保障。利坯工不仅需要熟悉泥料性能，而且要熟练掌握造型的曲线变化和烧成时各部位的收缩比，以及各部分留泥的厚薄程度。一般来说，在同一器物的不同部位，坯体厚度各不相同。不同部位在高温烧成时的收缩率和受力情况不一致，因而利坯时应控制不同部位的泥坯厚度，防止烧造变形。此外，利坯工还需根据不同样式的造型锉制利坯刀具，调整校正刀具的弧度、角度，配制陶车上的利头（也称“利脑”“坯座”）。利头的大小及合适程度直接影响利坯的好坏和功效，故所有利坯学徒第一步需学磨制利坯刀具，第二步就是根据坯件的大小和形状来修整不同的利头，否则难以达到利坯的质量要求。利坯时陶车运转速度慢于拉坯，大部分刀具的刀口均有明显的齿纹，是锉制刀具时有意留下的，其目的在于增加刀口的锋利程度，以提高利坯功效。利坯刀具均为铁质，在锉制时首先将其放入炉火内烧红，随即取出置于水中急冷，即淬火，然后再锉制。采用淬火工艺的目的，是提高利坯刀具的强度和硬度，并增强其抗蚀性，以使刀具在利坯时不易磨损，也可减少刀具锈蚀，以免将铁锈带入坯内。如果刀具在使用一段时间以后因磨损而刀口变钝，则需将刀具按上述过程重新淬火锉制，以使刀口经常保持锋利。在磨制刀具时，首先要将刀口磨平，使刀具保持刀口平直，利于修直瓶，尤其是板刀；然后再锉磨刀的内面刀口，最后定口时用力留下锉齿痕。通常每个利坯工所用的刀具不下十余种，每种均有大小之分。

利坯时对于坯体厚薄程度的控制及其识别方法，是掌握利坯技术和确保利坯质量的关键所在，这需要依靠技术熟练程度和实践经验来掌握。利坯不仅是为了外形美观，也是为了尽可能减轻瓷器的重量，使作品更显精致，同时也减少原料和烧成时燃料的损耗，但过薄的型体易产生变形，故在修坯时应注意不同造型和不同部位的蓄泥情况。蓄泥不当，易导致制品烧成时沉底、凸肚、软塌等变形状态。按一般经验，测定坯体厚薄需以手指上下抚摸并轻轻弹叩，以听其不同部位的响声。为此，利坯时应及时倒出多余的泥屑，随时用手指弹听其声响。坯体较厚者，弹之发出“咯咯”带硬之声；修至中等厚度时，弹之发出“咚咚”之声；高档瓷坯体修至适当薄度时，弹之则发出“卜卜”的脆声。

薄胎器利坯时，除上述方法外，最后还可用毛笔滴水，由口沿直线流下以观察水痕。滴水后，坯体受水浸湿，明显地留下一条湿的痕迹，如果修至厚薄一致则坯体水迹均匀，否则坯体水迹明暗深浅不同，表明坯体不符合要求，需要再进行精细加工。

在利坯之前，坯体的厚度远比成品厚度大，因为必须为利坯预留出充分的余地。

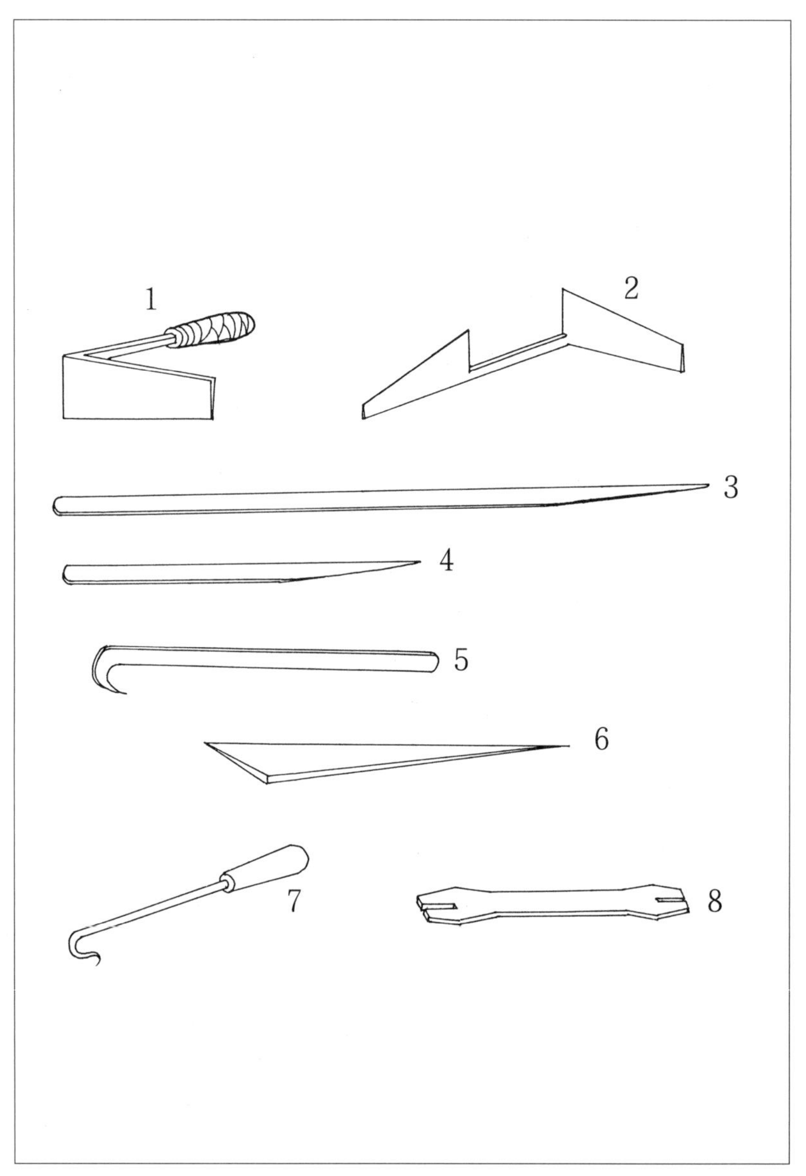

常见的修坯工具

1、2　板刀，主要用于修器形外壁及大件器皿的内壁

3、4　条刀，内修刀具，用于瓶类的内侧面，长者近1米，短者20厘米左右

5　用于修口、足曲线部位，刀口弧度可调整

6　与内修条刀相似

7　一种特殊的修底足和盖钮的工具

8　调整刀具形状用的钳子

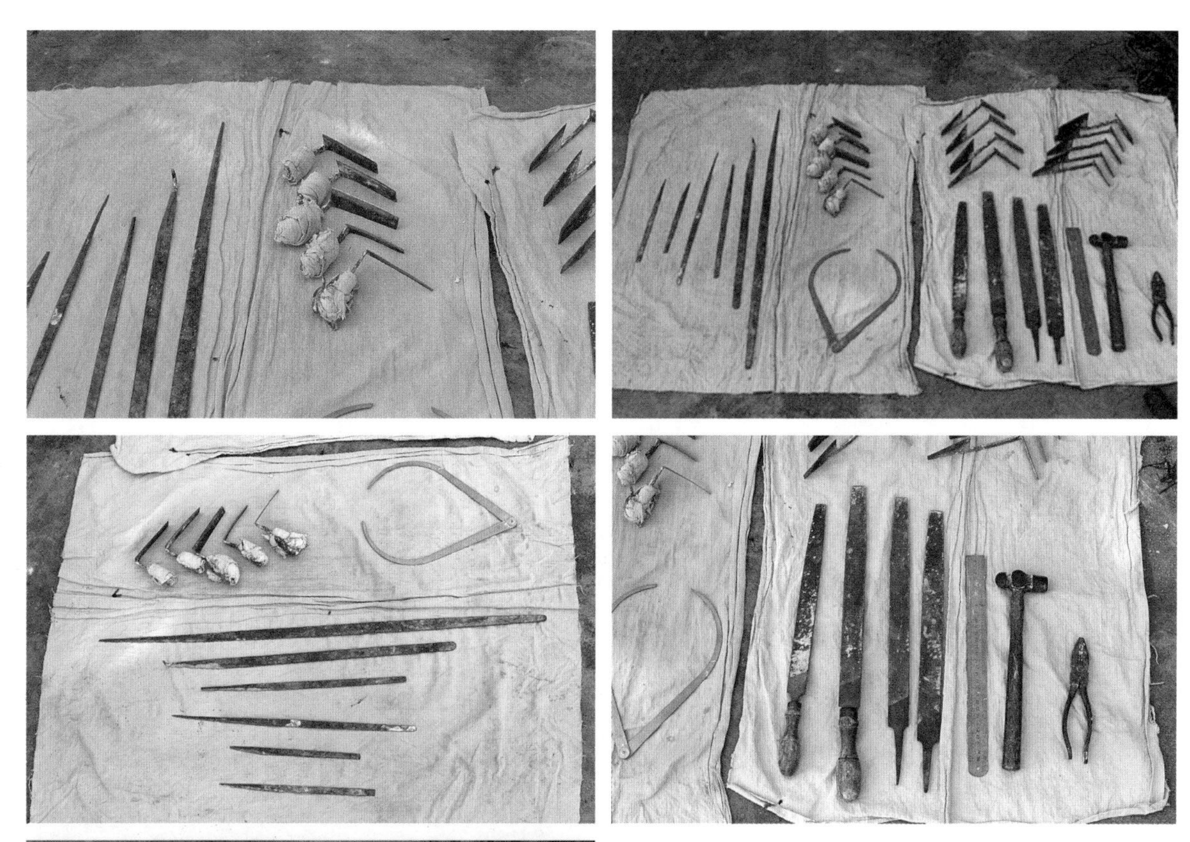

常见的修坯工具

中小型瓶的修坯

锉制利坯板刀

修坯操作时修坯工具所摆放的位置：条刀一般放在操作者右手前方的挑板或台子上，板刀一般放在操作者右手一侧的条板上

瓶身上段内部细修，外部粗修

在黏接面定口、裁平

瓶身下段修外底足部位

外足修好后，翻过来修接口及内部。用补水笔将坯体里外刷一遍水，以利修坯

用板刀和条刀将瓶身下段内外精修至适当。此种内修的握刀及手相互支撑的手法在景德镇较典型。内修坯基本上靠腕力控制用刀的轻重，手肘支撑在腿上，使之更稳定

最后将黏接口严格裁成水平状

将上段与下段重合，并将瓶身修理成所需形状

当里外均已修好后，将上段取下，在下段接口面注上泥浆，泥浆必须与所黏接坯体泥料一致。上泥浆时，必须是在坯体旋转的状态下

将上、下两段黏接口准确地相接在一起。黏上后，切忌移动

修好上段口部后，对瓶身整体做一次精修

超大型瓶的修坯

超大型瓶的修坯需要多人默契配合，分别将各段坯件按所需尺寸进行粗修

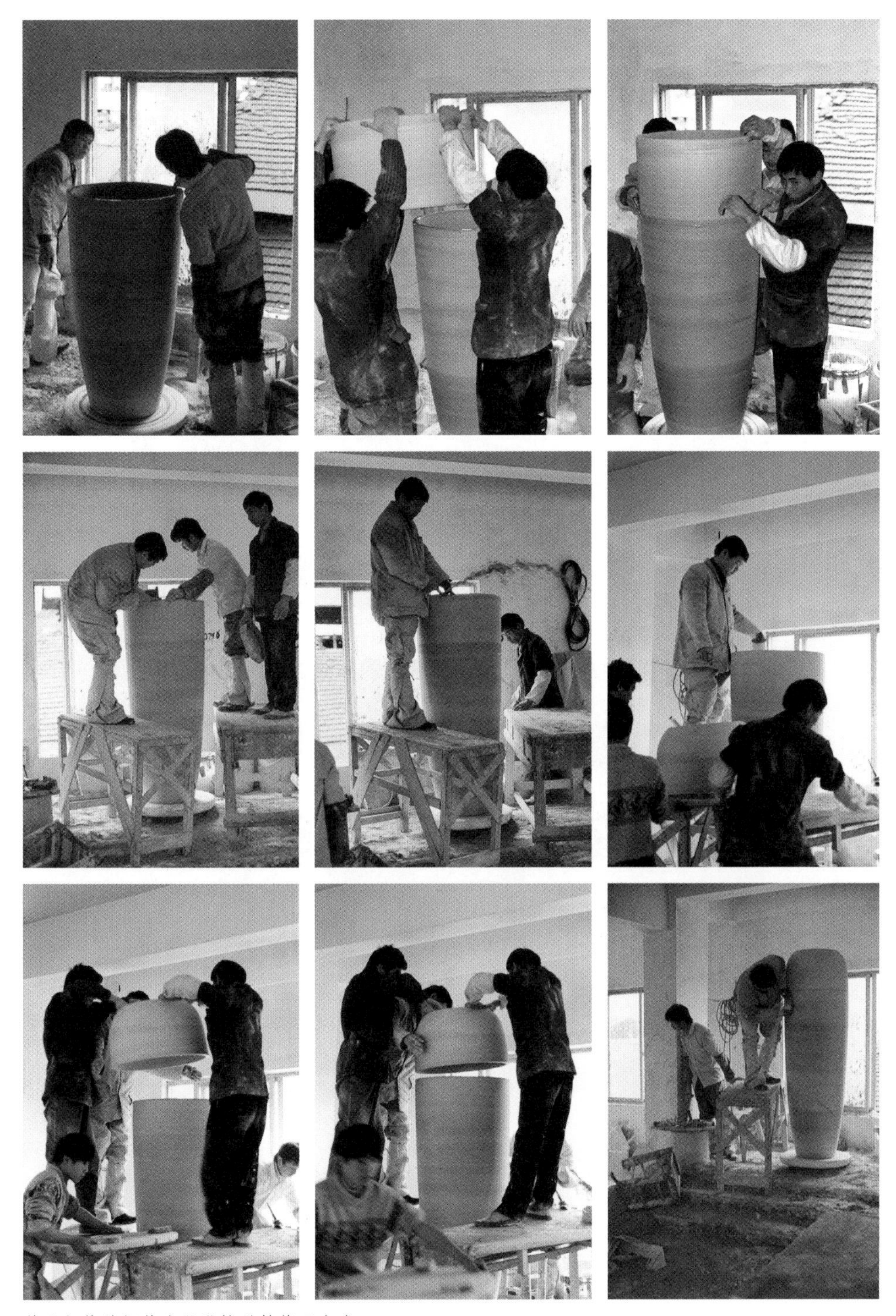

将已粗修的坯件分段黏接并精修至完成

超大型瓶的瓶口部分修成后单独放置，不与瓶身黏接

已修成的超大型瓶需存放晾干

部分修好和装饰好的超大型瓶，瓶口部分在入窑时与瓶身安放好，通过窑烧黏接完成

较小口的瓶类制品只能用长条刀进行内修。内修坯基本上靠手的悬力控制用刀的轻重，不仅腿成为手肘的支撑部位，还以长刀的另一端贴紧脸部以增加刀的稳定性

直形茶杯的修坯工艺

裁口

将已定口的粗坯覆于利头之上，并打正。打正是利坯的基础，方法是在旋转的利头上左手扶坯，用右手掌侧轻击坯体，使之与利坯车同圆心旋转

在旋转的利头与坯体接口处，用补水笔杆压上一些碎坯粉

用补水笔在压上的坯粉上补一些水，使坯体与坯座之间更具稳定性

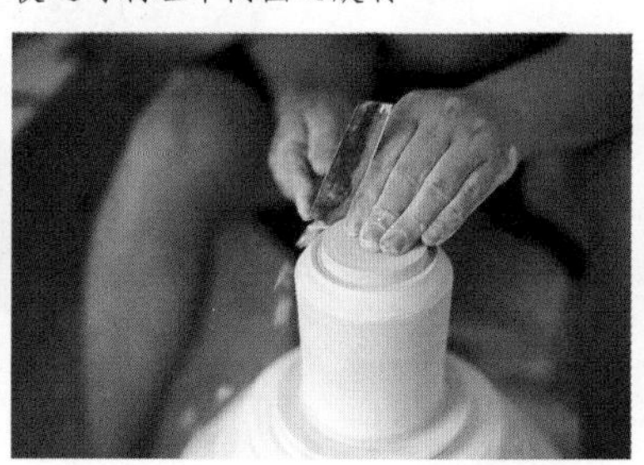

用板刀修足

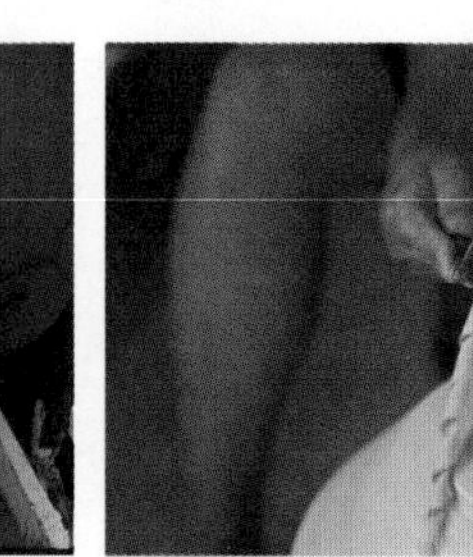

用特型弯刀将足修成弧型

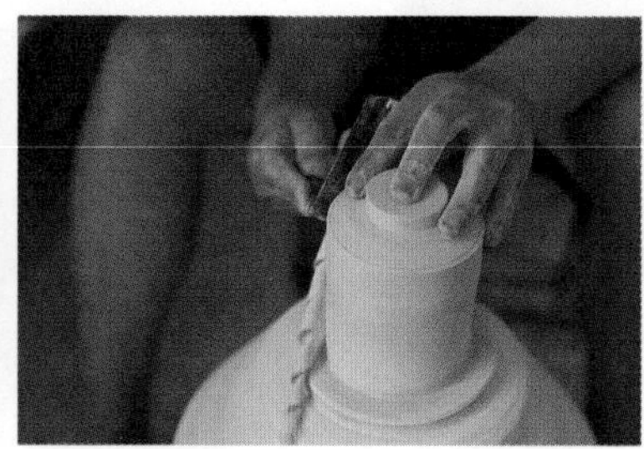

用板刀修杯壁

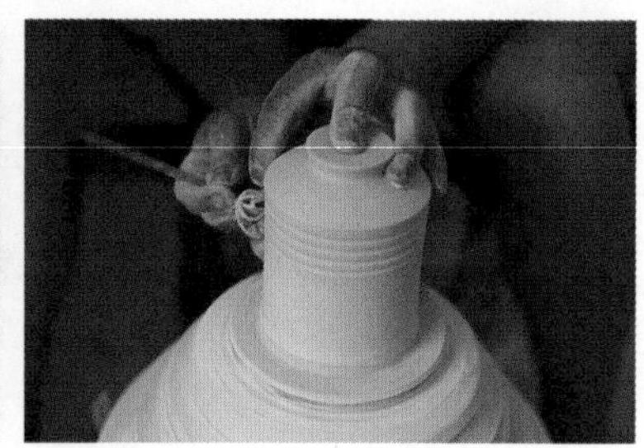

用卷形刀修出纹线

用弯刀挖足

取下坯体

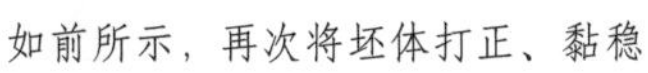

如前所示，再次将坯体打正、黏稳

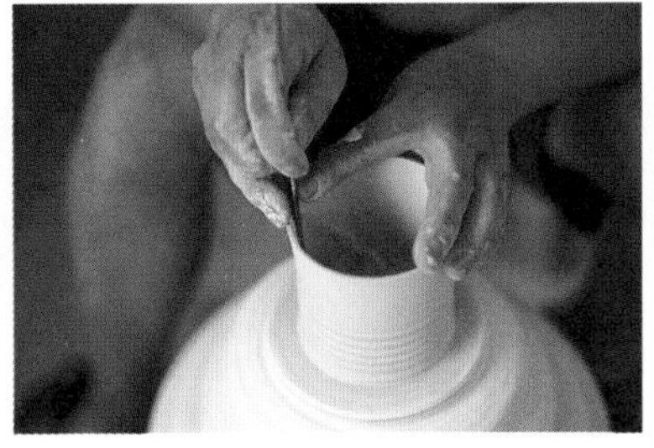

用最小条刀将杯内精修至完成

釉足工艺

一些讲究的日用制品可制成釉足。釉足制品原为官窑技术，因工艺要求高，成品率也相对较低。

用软布将利坯座包好，以免磨损杯口上的釉层。将足内挖去一圈釉子

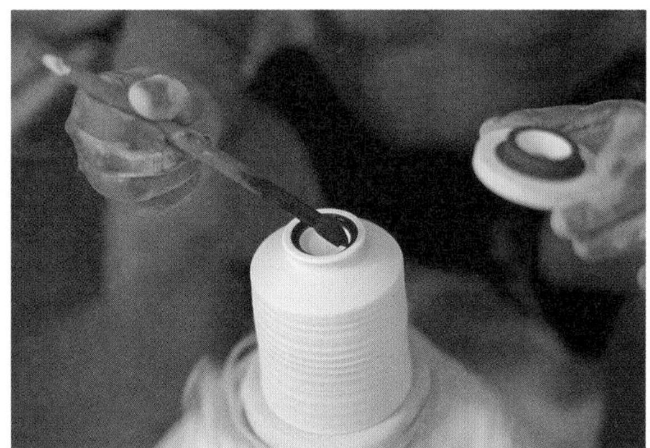
在内层涂上氧化铝

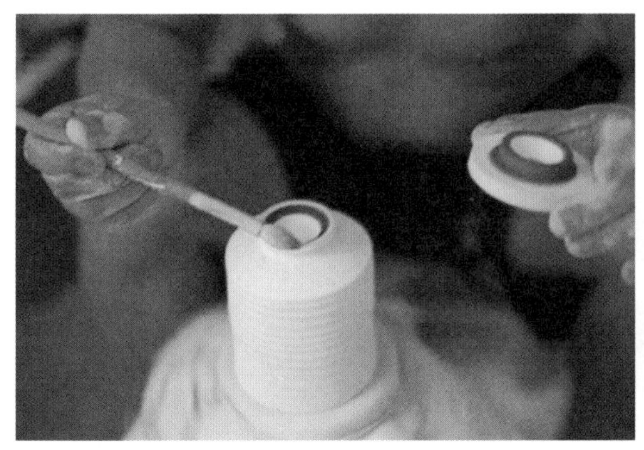
在外层底足上镶上一层釉料

将用与坯体泥料一致的泥饼修成的与足底相配的凸形足垫顶在杯足凹形无釉处，一起入窑烧造

补水工艺

凡拉制成型后的坯体经干燥和利坯之后，均需逐个补水。因为手工拉坯产品经利坯之后坯面常有细孔和细小刀痕，并附着坯粉和灰尘，如果直接施釉，烧制过程极易导致麻点、针孔、缩釉等釉面缺陷。补水一方面可使坯面更加平整，消除利坯痕迹，除去吸附在坯面上的坯屑、粉尘等杂物，降低产生釉面缺陷的概率；另一方面，通过补水可发现坯体中隐藏的气孔和“死泥”（揉泥时未清除的混在湿泥料中的硬泥团），提高成品率。

一般先于补水前清扫、吹净坯体内外的灰尘杂质等，再用特制的补水笔蘸清水刷抹。补水时应注意保持用水清洁，经常换水，防止水中沾有油渍或污物、杂质，否则容易产生缩釉等缺陷。

补水工具：水盆或水缸；补水笔，笔杆尖头是用于挑挖坯体上的死泥和气孔的；补水盆边需有一块木条，上放与补水坯件一致的泥料，用于填补所挖坯体的小空隙

将补水笔在水中洗净泥尘后，用手压去多余的水分

按顺序涂抹坯体

旋转坯体，用补水笔顺瓶口由上往下补水

将坯体托于手中，用补水笔旋圈给坯体收腹处补水

给瓶底补水

由下而上给大瓶补水

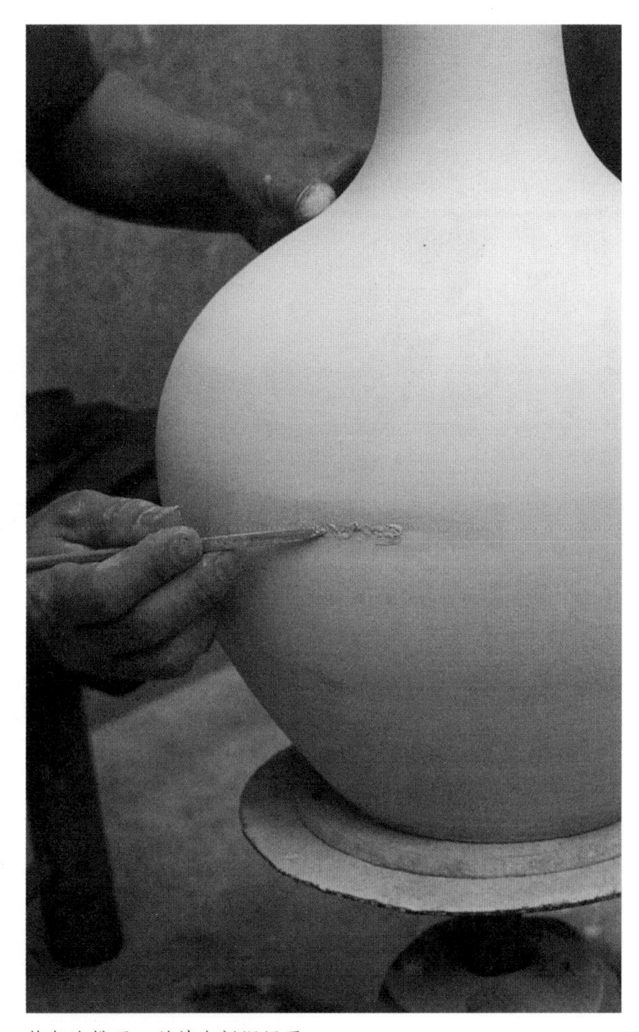

将气泡挑开，并填上新泥压平

给瓶内补水，也称“荡水”。将适量水舀入瓶中

一手扶住坯口或肩部，另一手置于坯足底，用手晃动坯体带动瓶内的水在瓶内旋转，使之均匀覆盖整个内壁，并迅速翻转将水倒出

较大瓶的荡水方法与小瓶一致，但需要更有经验的师傅操作

施釉工艺

大部分陶瓷制品须经施釉才能进窑烧造。景德镇的传统彩瓷没有釉的映衬，简直是无法想象的事情。施釉工艺看似简单，实际上却是极为重要和较难掌握的一道工序。要做到造型中各部分的釉层均匀一致、厚薄适当，还要注意到各种釉的不同流动性，实在不是一件容易的事。

上釉前需先将釉料过滤

将釉料充分搅匀，经磁石注入细筛过滤

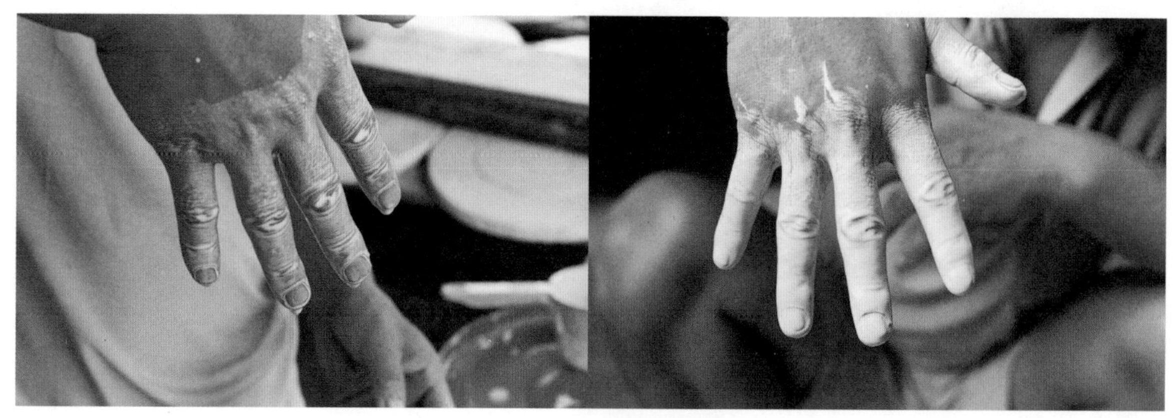

过滤之后的釉料。用手试釉，目测釉的浓度是否适用

此浓度釉料可用

先用毛笔在碗底刷一层水，可有效防止缩釉和坯体吸釉过快使釉层偏厚的缺陷

舀釉适量注入碗足内

使釉量与碗内足齐平

放下舀釉筒，用右手托住碗底，迅速翻转过来，倒出剩余的釉浆。所有工序均需小心操作，轻拿轻放，以防损坏

直形坯滚釉工艺。务必使杯壁内均匀覆盖釉层。为使杯口不出现釉头（过厚釉层），可上下反复翻转数次，以收釉头

大瓶在荡釉前先用干软毛刷除去浮尘

舀釉适量注入瓶内

右手扶住瓶肩，左手托住瓶底，以左手为主做旋转晃动，带动釉浆在瓶内旋转并均匀覆盖整个内壁

迅速倒出剩余的釉浆。荡釉需一次性完成，否则会出现釉头和釉层剥落的缺陷

浸釉一般是注浆坯件使用的方法，将坯件浸入釉浆中与瓶口齐，取出后即可

人工吹釉直至今日仍有部分技工在使用，一般是处理一些小型坯件

人工吹釉最难掌握的是气息的轻重、坯体转动的快慢和干湿程度，如果不是经验丰富的技工无法做好这道工序

现在景德镇吹釉均采用电气泵加压充气的方法，不仅方便，而且吹釉效果更好

已装饰好的坯件和已吹好釉的坯件

超大型瓶的吹釉

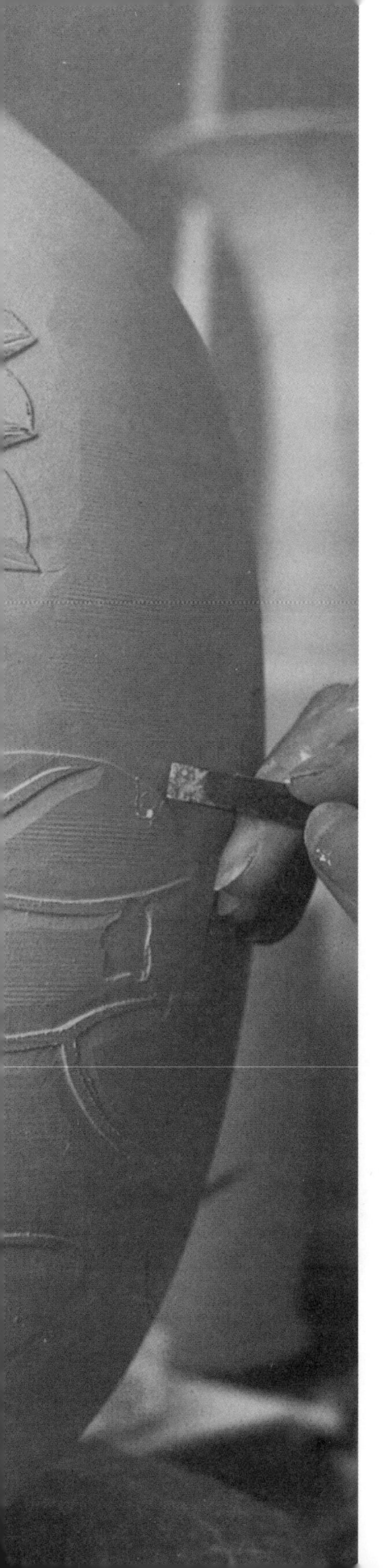

第四章
装饰技艺

Decorating Techniques

景德镇瓷器装饰大致可分为釉下装饰和釉上装饰两种基本类型。釉下装饰是指直接在泥坯上进行艺术装饰加工，并上釉烧成瓷器，因其装饰图案位于瓷器釉层之下而得名，主要包括青花、釉里红、釉下五彩等。在已烧成的瓷器釉面上进行装饰加工的工艺，则称为釉上彩，包括古彩、粉彩、墨彩、新彩等。实际上自元代以后，中国瓷器彩绘装饰的历史基本上是以景德镇瓷器发展史为主要脉络的。

青花釉里红装饰

青花装饰

青花是景德镇的四大传统名瓷之一，起始于唐宋时期，成熟于元代，它的出现在我国制瓷史上有着划时代的重要意义。正是青花瓷的出现，才使景德镇成为真正意义上的世界瓷都，影响并推动了世界制瓷业的发展。青花瓷器是我国最具民族象征意义的陶瓷产品之一，延续生产几百年长盛不衰。

青花彩绘颜料——青花料，是以氧化钴为主要发色剂的金属氧化色料。

手工绘画的青花料分画线条料和分水料。画线条用的料是湿料，可直接使用。

分水料的处理要复杂些，在调水色的浓淡之前，要进行一次泡料处理。泡料的方法：将磨细的湿料放在大碗中，比例约为1/3，用汤匙将料搅散，然后用开水对料冲泡，同时用汤匙不停地搅动，直至水面泛起泡沫。待其沉淀后，撇去上面的清水，就可分碗调制水色。分碗时要注意根据所需控制料量的多少，并兑入适量的茶水，加茶水时也要搅动，防止“生水”。“生水”是分水中出现的一种现象，即在分水时料与水不融合，水、料分体，影响青花发色（发色是指烧成后青花的呈色状态）和装饰的表现力。茶水不能太浓，否则茶叶中的胶汁会生涎，使料结块，影响分水质量。

手工绘制传统青花有两个过程：勾线和分水。勾线和分水要掌握料性，料性的掌握非一日之功，一些画匠尽其一生也未必能随其心意。国画中有墨分五色之说，在青花中也是讲究青分五色的，且形成多种独特的表现技巧。在装饰中，虽各有不同方式，但基本步骤是一致的。

分水（也称“混水”）是青花特有的表现技法，使用特制的鸡头笔。分水用的料水，浓淡要分开调好并装碗，一般分3至5色，装分水料的碗称“水碗”。分水是青花的色彩处理，不同色彩概括为不同亮度的色阶，青花水色一般分5色，即头浓、二浓、浓水、淡水和影淡。在操作过程中，坯的干湿、运笔速度的快慢、积水时间的长短都直接关系到水色的浓淡。

一般规律是：坯体湿、运笔快、积水时间短水色就淡；反之，坯体干、运笔慢、积水时间长水色就会浓。在分水技巧上要掌握落笔、运笔和收笔过程中两手的配合。先将分水笔浸入料水中蘸料提起，待笔上料水下流成滴状后将笔舐成肚大头尖形状，就可执笔分水。落笔时，笔中满含料水，因此绘制弧形坯体尽量将凸面顶端与笔锋相对，落笔后迅速用笔锋带动料水移动，不可擦动泥坯，应与坯体保持一定空隙，主要是避免笔锋摩擦坯泥掺入料水中影响发色。在分水达到要求的部位，为防止料水过量，要及时收水。收水的方法是：将坯体倾斜，鸡头笔的笔锋朝上，笔肚向下，料水就会顺着笔脉渗入笔中。在操作前一般用棉毡托住坯体置于双腿之上，除执笔的手在运笔中需注意快慢和紧松外，另一只手还需托住坯体，用两腿高低起伏来调整坯体的位置，使料水的移动更能随心所欲。

中国传统的书画工具是毛笔，青花彩绘用笔同样也离不开它，但由于材料和工艺过程的不同，青花彩绘工具与普通绘画用笔相比显得尤为复杂和多样，除主要工具外，还创造了许多辅助工具。工具的完备和应用的巧妙是构成青花装饰艺术特点的因素之一。

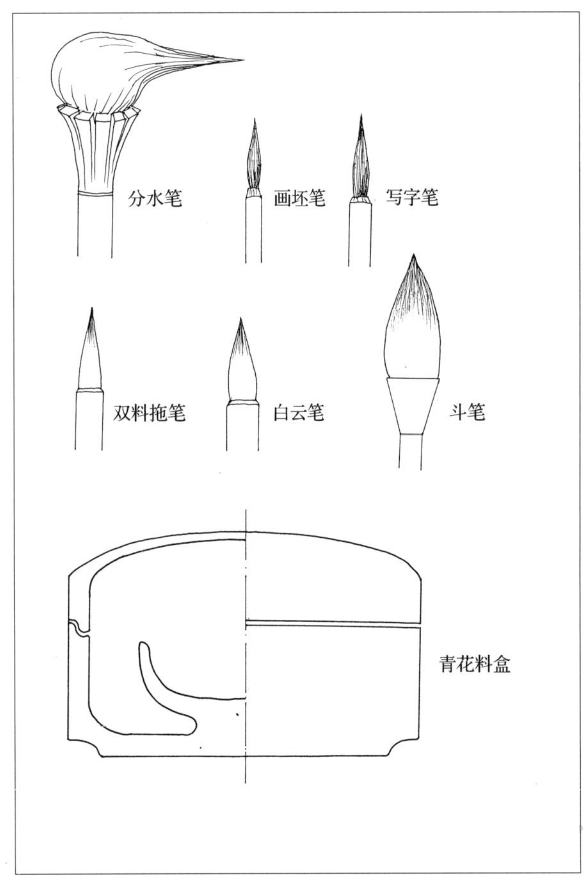

青花彩绘工具

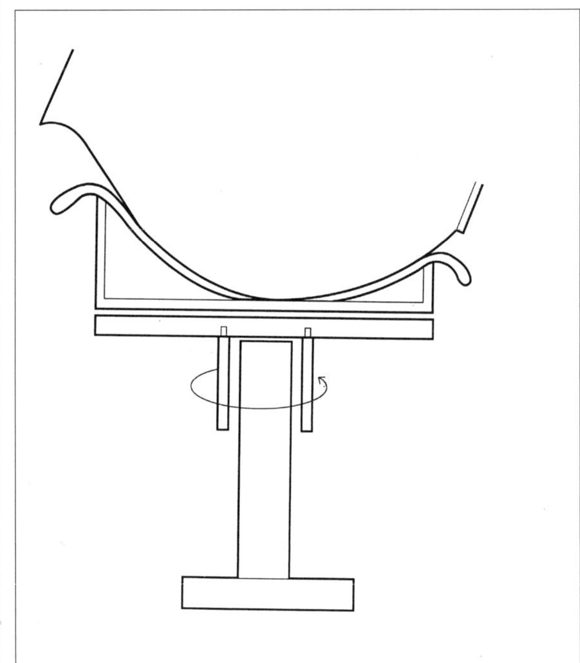

画坯架

大、小补水笔

大、小分水笔（鸡头笔）

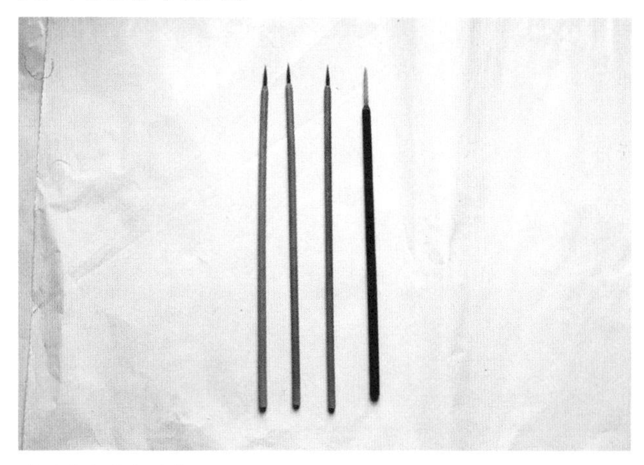

常用的青花勾线笔

青花混水技艺

将青花分水料按要求调成 3 至 5 种浓淡不同的料水，并分碗装好备用

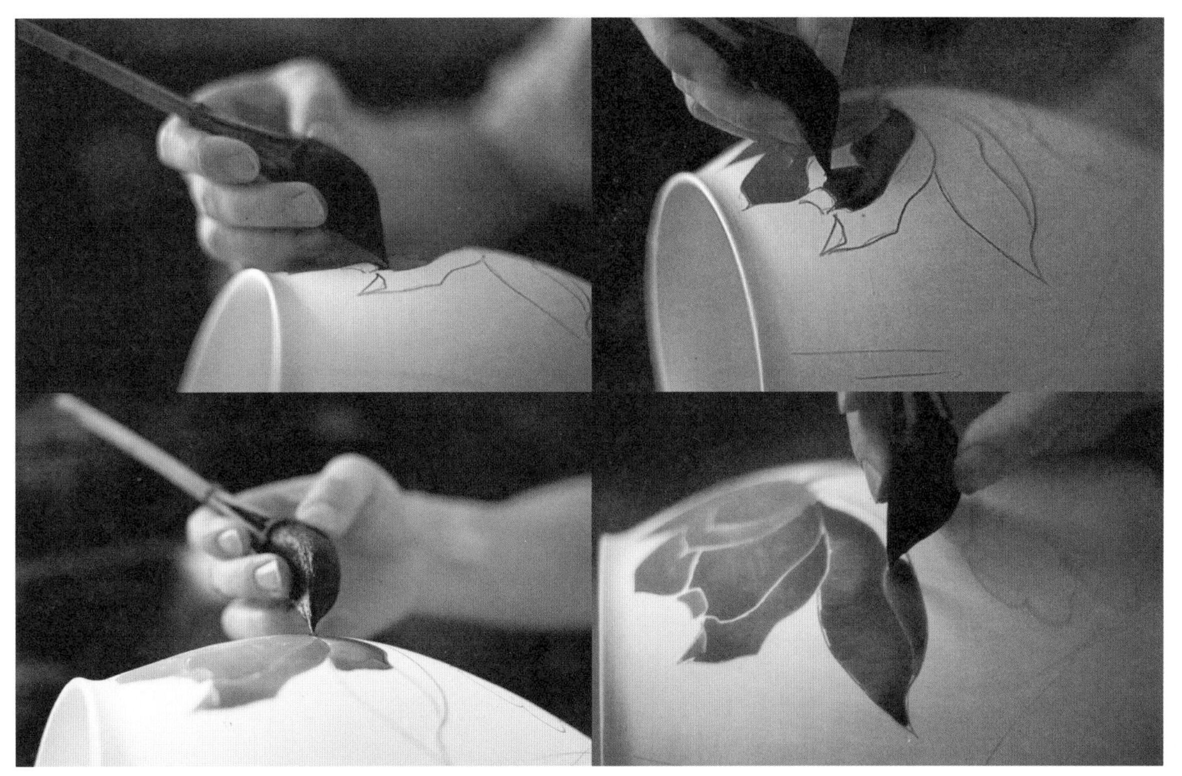

用拇指与食指、中指持笔肚以控制水料的多少，并迅速在花叶上来回移动，形成水浪效果。从图中可清晰地看出画工持笔的手法和笔锋带动水头运动的轨迹

《荷花盘》分水工艺

已烧成的《荷花盘》

在分水之前，需用青花笔勾线

用分水笔将料水分成浓淡渐变的层次并空出叶形

在分水时，不仅需用笔头带动料水分出浓淡色层，左手也要移动坯体使之更加顺应描绘的手法

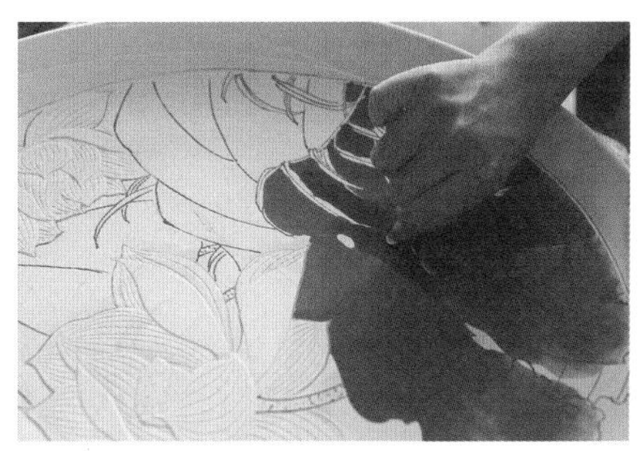

用指甲修理部分不满意的地方

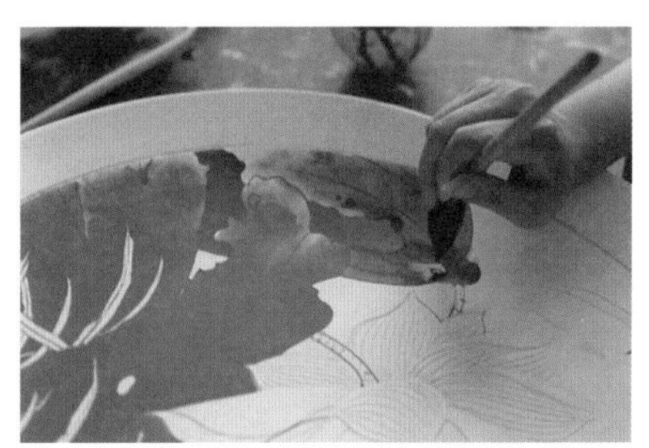

在部分过淡的部位再次分染加色

装饰完成的效果

青花《民间山水》装饰工艺

已烧成的青花纹瓶《民间山水》

用铅笔直接在坯体上画稿

用大羊毫笔以浓重的色料充满韵律地画出山地之形

用青花勾线笔画出亭台楼阁，注意用笔的变化

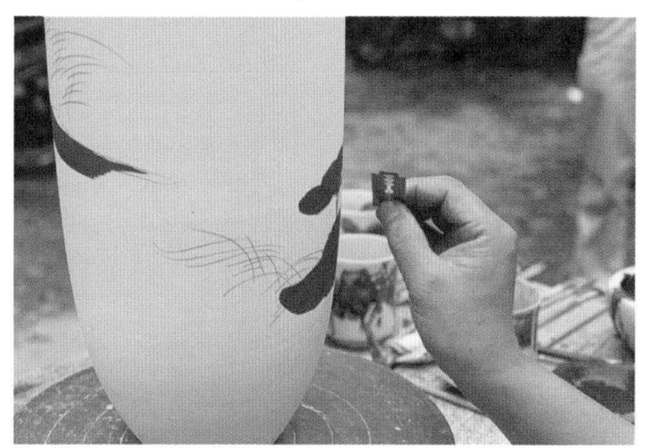

对需修改的部位，用刀片轻轻刮去。应注意不要伤及坯体

用青花勾线笔画出树干、树枝，注意用笔的速度和线条的弹性

在树枝上错落有致地点上较浓重的料色

画上草叶及水纹，并用较淡青花色勾画远处山景

装饰完成的效果

直形杯装饰技法

直形杯成品

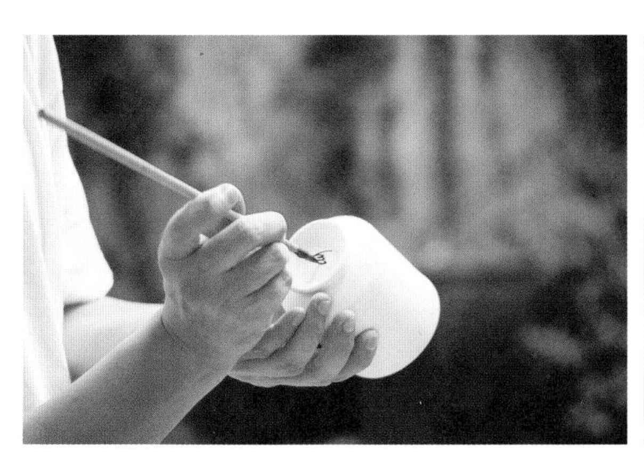

先在底足签名

用羊毫笔蘸氧化铁料在杯壁上有变化地点染色点

用青花勾线笔随意地勾画外线，并画出长叶形

用刻针将所绘叶形刻出叶脉，并用刀将铁红料刮出两道粗细不同的白痕，使色点有透气感

在签好名的底足上用釉里红颜料画上星形花纹

用刻针将釉里红花形刻出脉纹

已完成的青花小叶纹茶杯

青花仿古部分工艺

在坯体上用红水料过稿

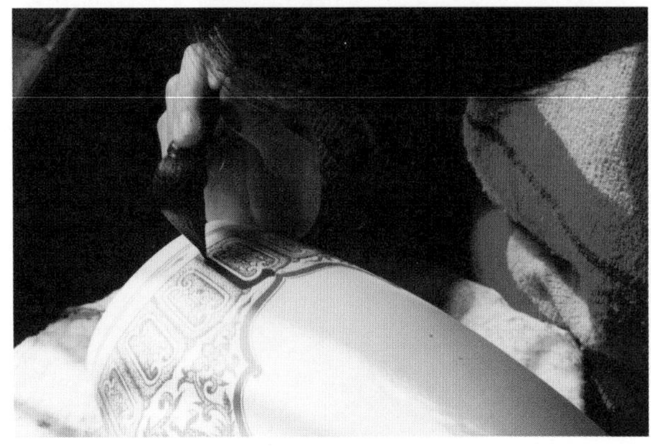

用分水笔对已点好底色的部位再填上淡水料。填色应一次到位，笔头不仅不能摩擦到坯体，也不能来回重复，否则色点会溶解消失

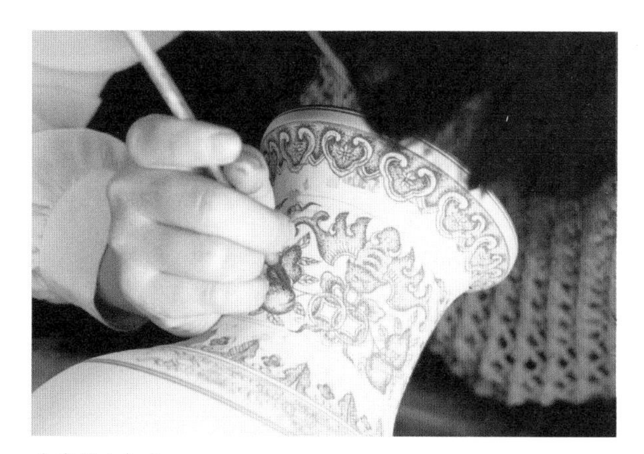

在寿桃上打点

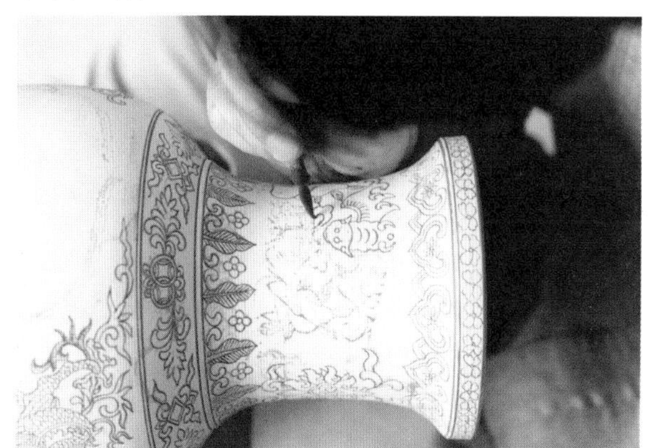

勾线

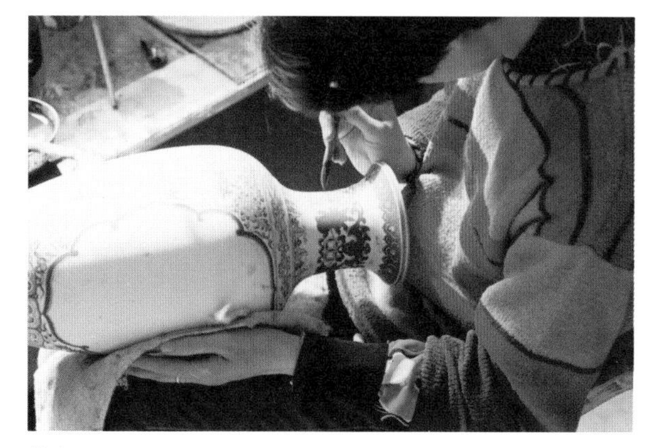

填色

以上所有绘制工序均须将坯体依托在厚棉垫上进行，以免在操作过程中损坏坯体

釉里红装饰

釉里红，主要呈色剂是氧化铜，俗称“铜花”，经过配制后在坯体上装饰，罩透明釉烧成，在釉里发出红色，是景德镇具较高声誉和影响的名贵品种。釉里红最早起源于唐代的长沙窑，却是在元代的景德镇得以兴盛和发展并成为景德镇极具代表性的装饰品类的。

釉里红发色变化大，通常呈鲜艳的红色调，时有灰红或淡红出现，并间有绿色和青白色的点或色块；有的在红色的周围晕散为浅红色调，犹如在生宣纸上的效果；有的还出现黄色。同样一种色料，在釉和火焰的作用下呈色丰富多样，变化万千，让人不得不惊叹泥火造物的神奇。

釉里红有两种工艺方法：一种是将彩料直接绘制于坯胎，罩青白釉，入窑烧成；另一种是先在坯胎上施一层稀薄的青白釉作为底釉，再用彩料进行绘画，然后再罩面釉入窑烧成，彩料呈色于两层青白釉之间，故称“釉里红”。早期釉里红产品多用这种方法，所以有人称釉里红为釉中彩的鼻祖。现常用的绘制方法是直接在坯胎上进行彩绘。釉里红直接绘于坯体上，线型保持较好。釉里红流动性不大，但发色有时欠佳，在釉中则易流动，故现今常有人使用此法进行写意装饰。

釉里红的装饰绘制工艺与青花绘制工艺相同，在实际运用中常和青花相配合，共同装饰陶瓷器皿，称“青花釉里红”。

青花釉里红彩绘工具

青花釉里红芦苇纹大瓶彩绘工艺

已烧成的青花釉里红芦苇纹大瓶

在坯体上画稿

用小刻刀按布局将所绘铅笔线在坯体上刻划成凹线

在已刻好的线条上填较重的青花彩料

用刀片将凹线外的多余青花色轻轻刮去。以上步骤应注意线条的疏密变化，并预留需画釉里红芦花的位置

用釉里红料以点连线的方式将芦花装饰好，釉里红色料应有一定厚度并注意芦花的自然形态，使之具有轻盈抒情的动感。在装饰釉里红的所有过程中，执画笔的手均须悬腕依托在左手之上，以免摩擦坯体

装饰完成的效果

雕刻坯装饰技艺

雕刻坯技艺实际上是在古代刻划花装饰基础上发展而来的，其刻坯工具与刻划花工具基本一致。

严格意义上的传统刻划花在现今的景德镇已基本上没有人生产。不同于规整图案化的装饰，具有装饰性绘画效果的浅浮雕刻坯技术，在景德镇手工制作艺人中成为一个流行的品类。但所有雕、刻、画技艺的使用基本上沿用传统的方式。

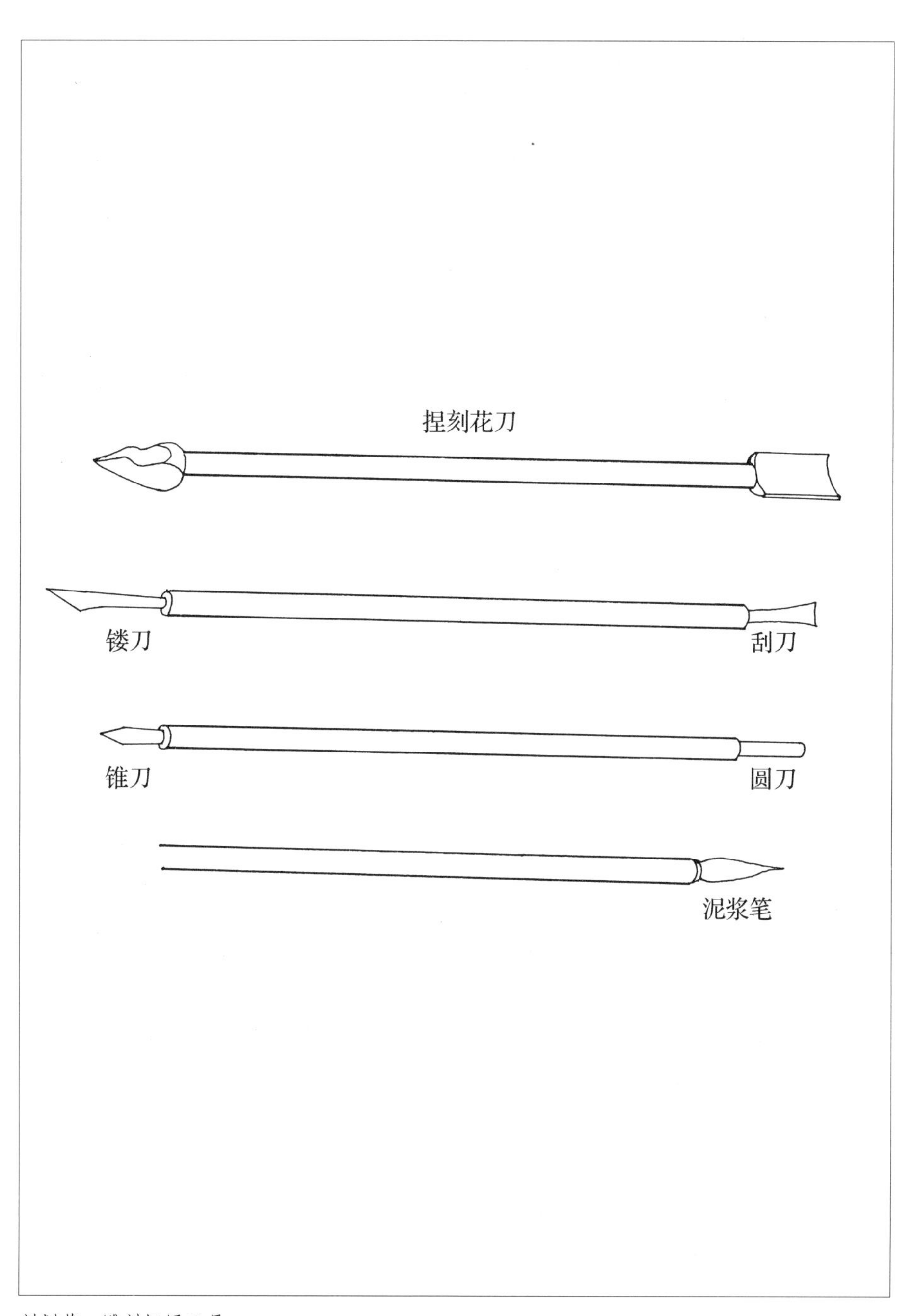

刻划花、雕刻坯用工具

荷花纹瓶雕刻坯技艺

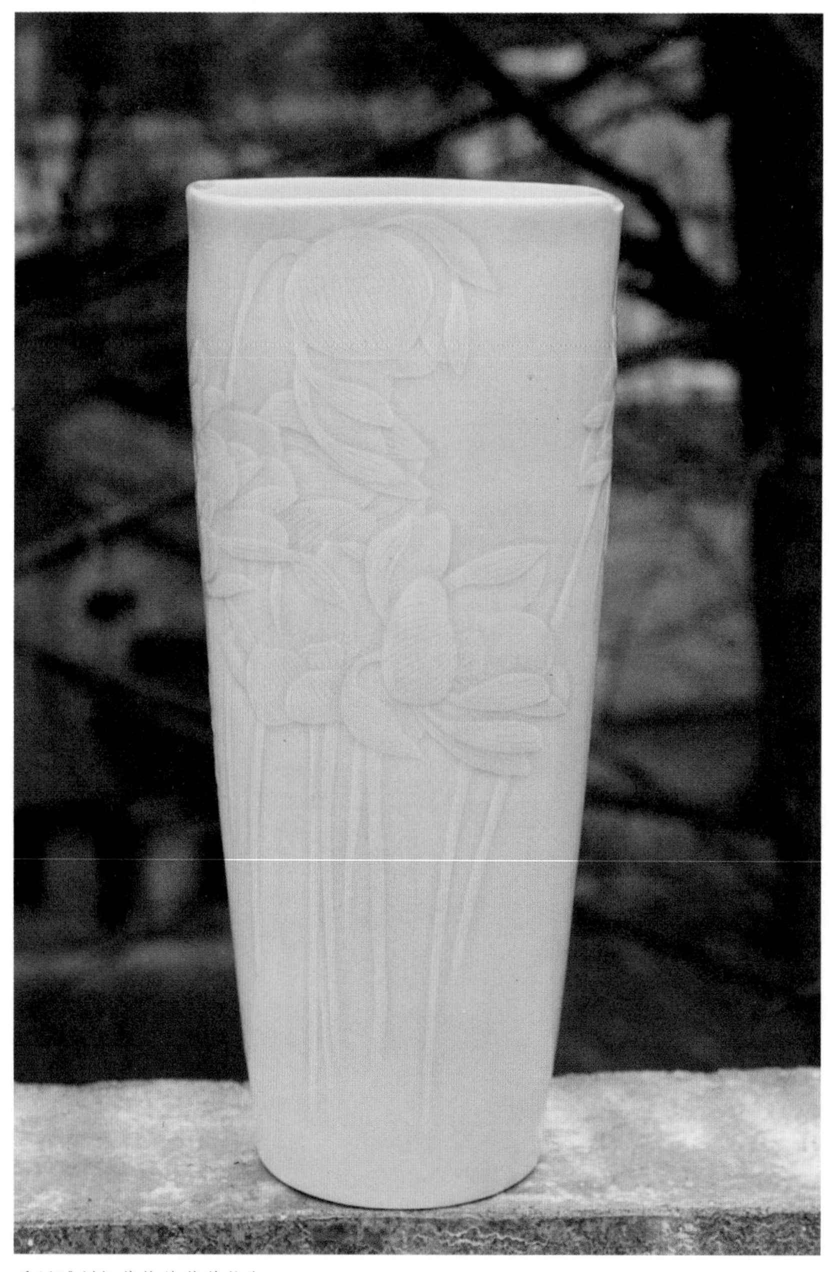

采用雕刻坯装饰的荷花纹瓶

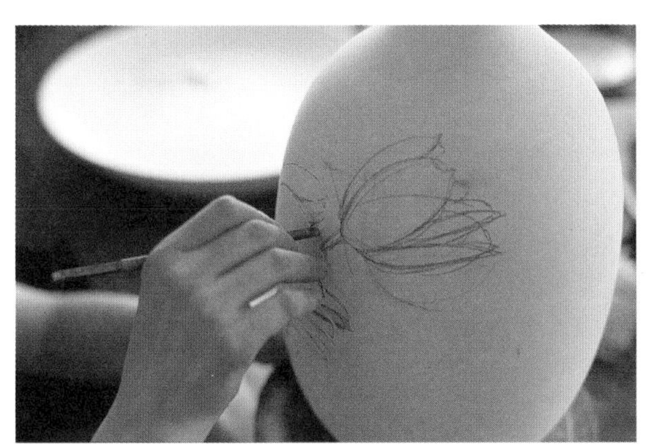

用铅笔在坯体上画稿

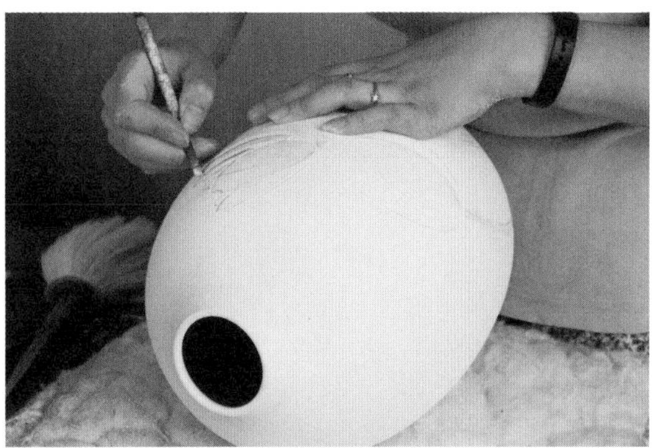

将坯体置于厚棉毡上进行雕刻

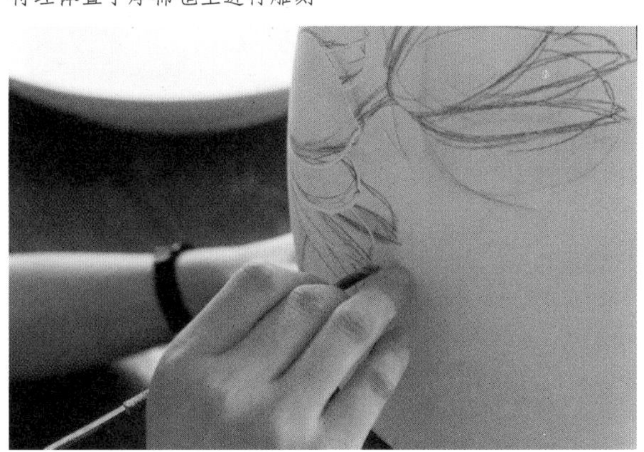

将坯体置于小转台上进行雕刻

将荷叶的外形挖成斜凹状，并形成起伏空间

用线刻画出荷花的形状

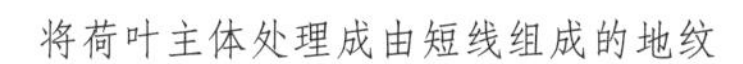

将荷叶主体处理成由短线组成的地纹

已完成的制品需经补水工艺处理，以去除坯屑和粉尘

釉上彩装饰

釉上彩装饰在景德镇是一个非常重要的装饰门类，产品量大，从业人数也相当多。

陶瓷釉上彩绘材料主要由陶瓷釉上颜料、调色剂及彩绘工具组成。传统景德镇的釉上彩绘颜料主要是古彩、粉彩和珐琅彩，近代则以粉彩和新彩为主。由于粉彩装饰工艺较复杂，故以粉彩为代表系统介绍其工艺过程。

工具

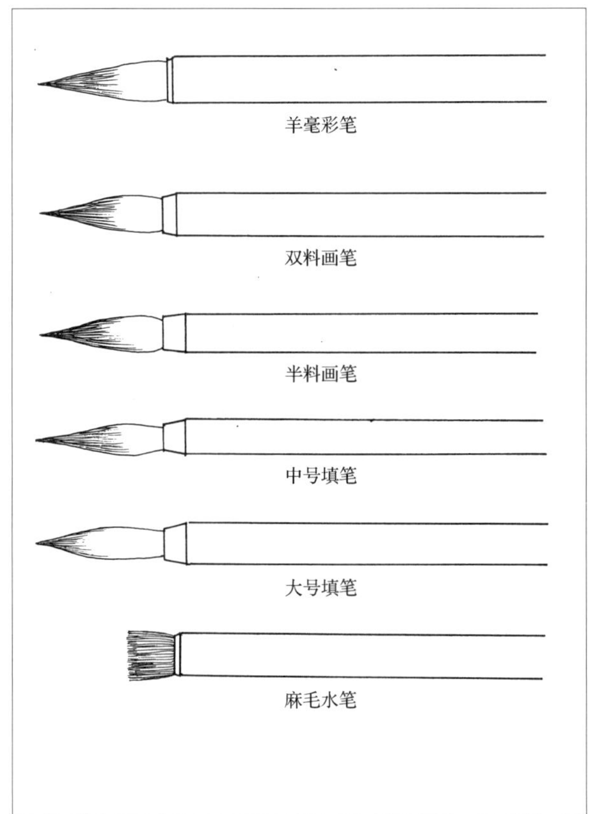

釉上彩绘工具

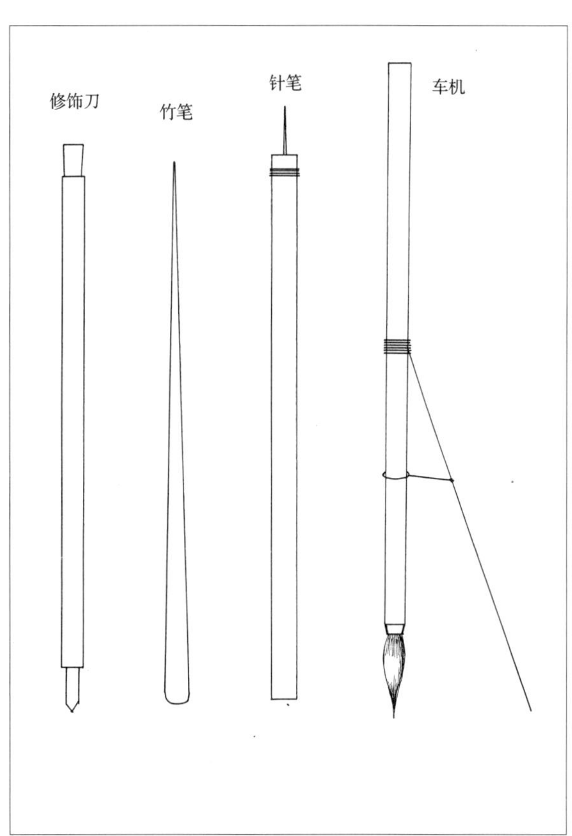

彩绘辅助工具

双料笔：用于画粗线条和在瓷器上写字。

半料笔：用于勾勒生料（朱明料）线条和洋料（艳黑料）线条。

填笔：用于填水调颜色。

油笔：用于在填好的玻璃白上洗染。

羊毫彩笔：墨、新彩颜料均可使用。

麻毛水笔：古彩洗矾红专用。

棉花：用于擦除或修正线条中的不流畅部位。

竹笔、针笔：用于干透变硬色料的修改。

靠手篾、板：用于防止手和衣袖碰坏已经绘好的画面。

车机：由带钩铁针和绘笔组成，使用时在瓷面黏一小块胶布，铁针插在胶布上固定，以针脚为圆心绘圆。

颜色盘：放置水调颜料，中间以颜料筑成料坝，一边为清水，一边为调和色。

油盅：用于盛装乳香油、樟脑油。

料铲：特制铁质扁平铲，搓油料用。

调料盘：平底浅瓷盘，搓油料用。

擂钵和擂锤：用于擂磨粉状颜料和水调颜料，瓷质，根据需要有多种大小型号。

砚台、墨、描图纸、小罐、拍图纸等：均为打图（即起稿）、描图、拍图用。

在粉彩装饰的实际应用中，大部分需经使用者根据习惯和爱好进行色种配制和调和。根据不同的艺术要求，采用不同的成分、不同的分量配制，产生许多不同的色彩变化。著名的粉彩艺人，由于自己调配一些色料，加上工艺技巧以及工具的不同和改变，形成较鲜明的个人风貌。

粉彩《松鹤图》工艺过程

已烧成的作品效果

大、小白云笔和软毛刷笔，主要用于粉彩填色，也可用于青花彩绘

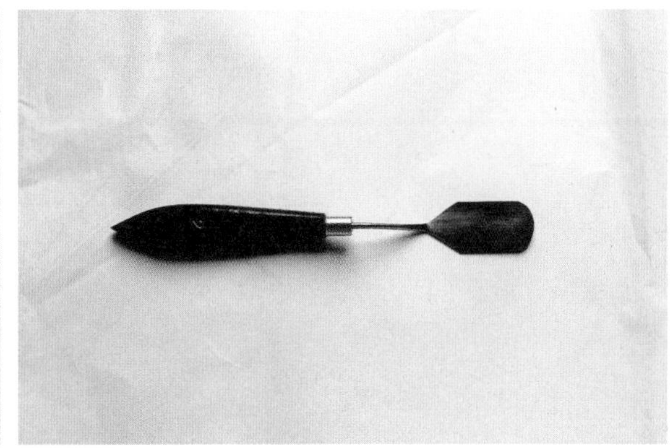

锉料刀

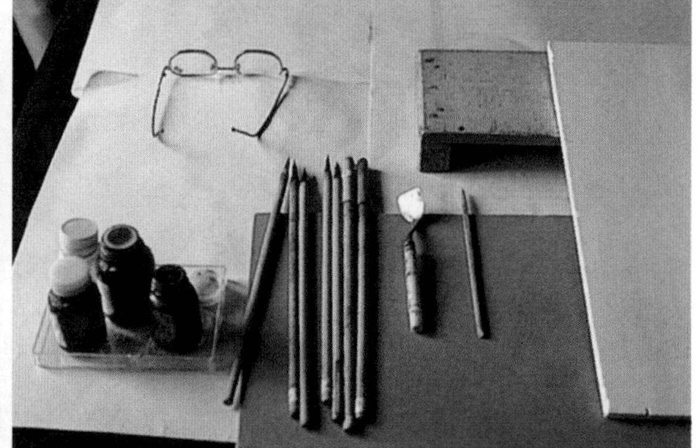

彩绘工具

用半料笔在料碟上转动打料，使油调料色能均匀吸入笔肚，便于勾线时下料顺畅

在画稿前及画稿期间，用手指将笔前后甩动，使色料能聚于笔头，便于勾线

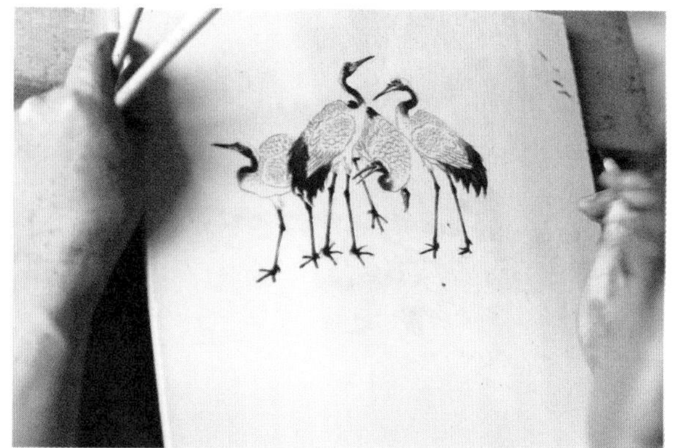

先用朱明料画鹤身（朱明料俗称“生料”，主要发色剂是氧化钴）

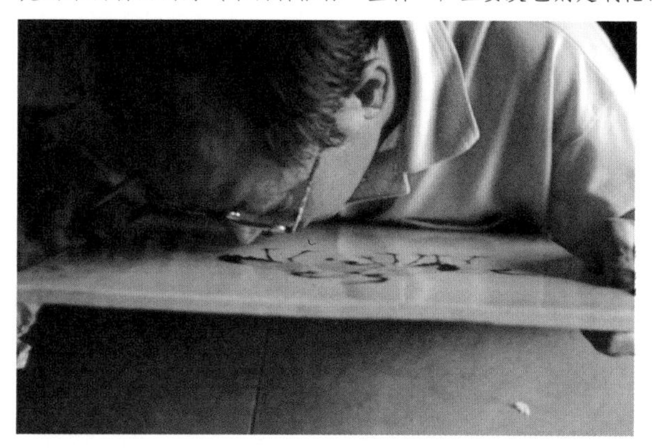

用油料勾线，有时会遇到线条在瓷面上“炸开”的现象，此时对着所绘部位哈气即可使线条定型

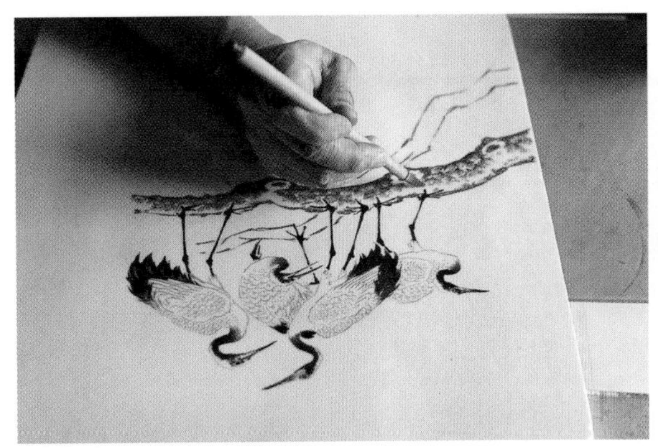
用羊毫笔画树干

用半料笔勾画松枝

为防止手和衣袖损坏已画好的部分，使用靠手板进行勾画

在填玻璃白色之前，先用煤油染洗鹤身

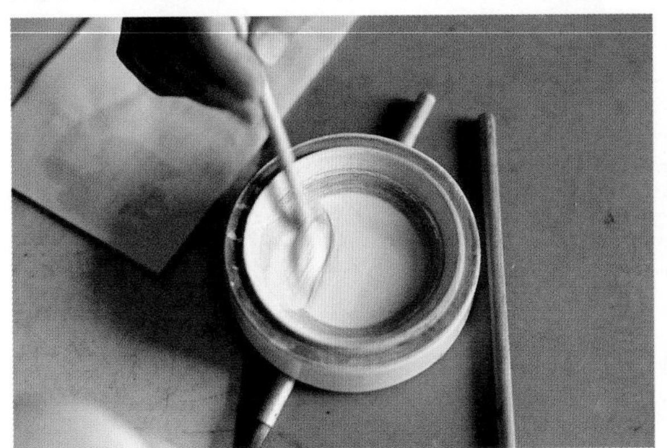
充分搅动玻璃白色，使色料浓度合适

将玻璃白色平涂于鹤身，已勾画的羽毛黑色自然将色料分离而显露出来

在鹤头上点染玻璃白色

将已填蓝底色的松枝用干软毛笔刷匀并显出层次

用蓝色将其余树枝填染

用赭色涂染松树干

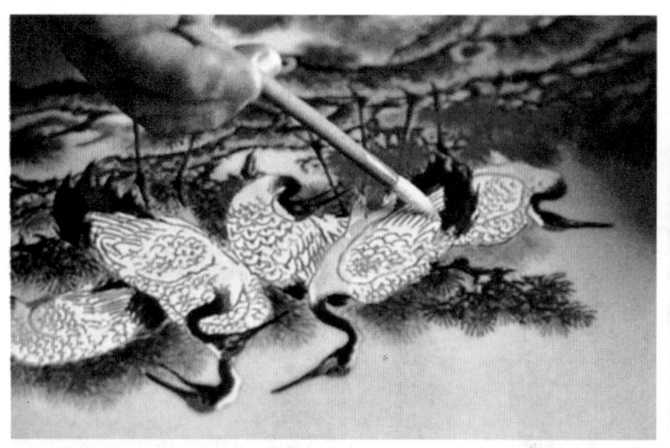

用煤油点润鹤身玻璃白

用雪白色覆盖鹤身并将生料全部盖住

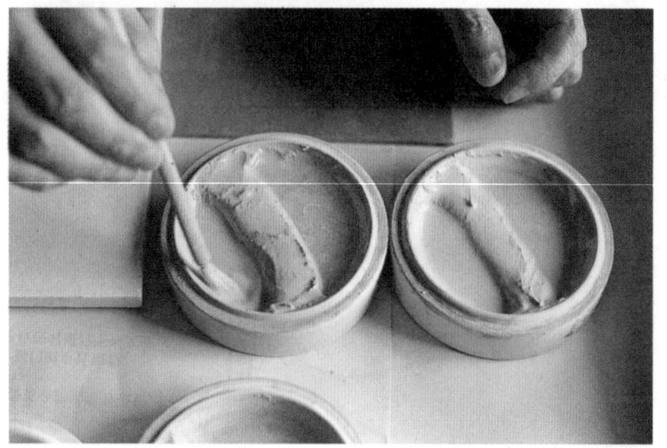

调粉彩绿，料碟中凸起的色料称“料坝”，一边为清水，一边为调料处。两种料碟中的色料均为粉彩绿，浅灰白色的较浅粉色的略深

将粉彩绿平涂于松枝上

用干软毛笔轻扫色面，使其平整

填染树干至完成

以上工艺过程看似容易，但要做到操作熟练、色面平整、线条丰富多变且见功力，非十年八载不能见效。所有用生料勾画的线条和明暗色彩，一定要罩填一层透明雪白色保护层，否则时间一长生料会磨损。

仿古粉彩部分工艺

碾磨粉彩料

粉彩料碗和画笔

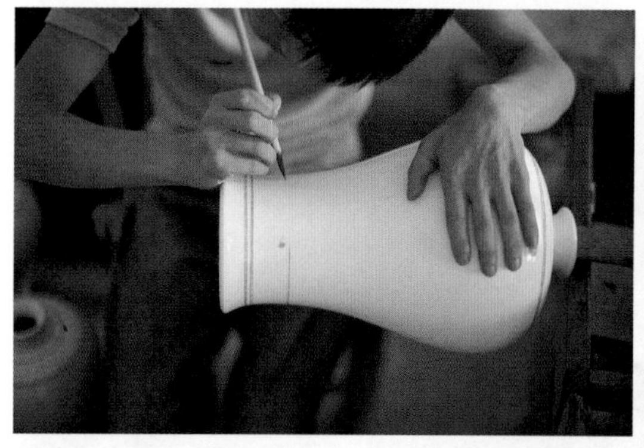

用朱明料打箍。景德镇的彩绘桌台上有可抽出的粗细不同的木条。将瓷瓶口套入木条之中，便于打箍和勾线填色等操作

极显功力的仿清代粉彩小碗

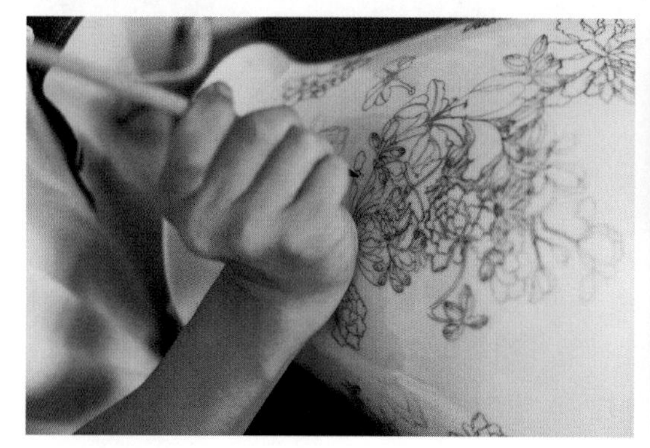

大瓶的花卉勾线

徒手描红线

填彩料之前需充分搅动碗中料色

在已基本完成的瓷器上填树枝的绿色料

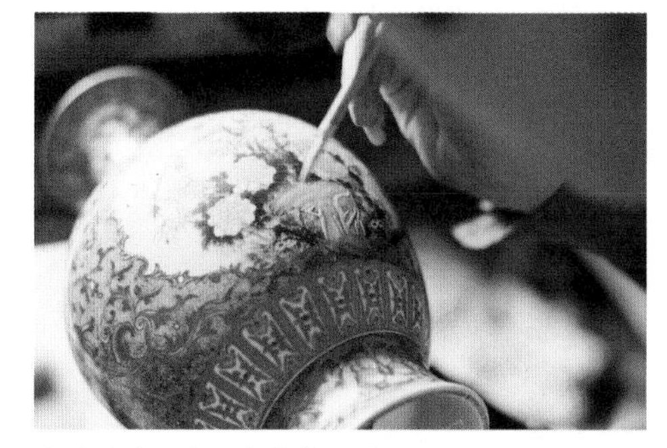

填料的过程中经常抖笔下料

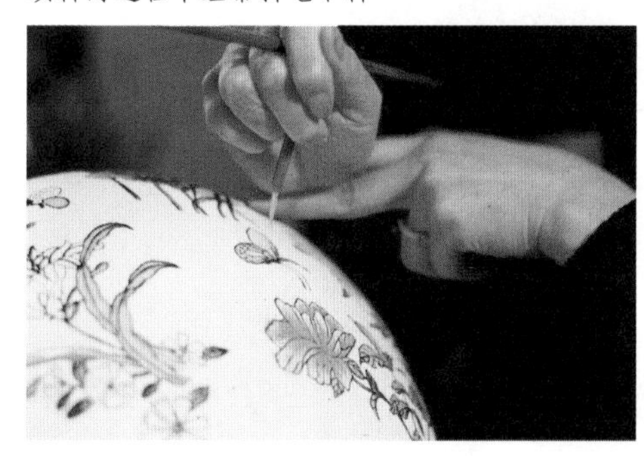

填染红彩时需一手握两支毛笔，一支为含色料的着色笔，一支为不含色料的染色笔，根据需要不断转换使用，以达到方便彩绘的功效。握彩笔的手压在另一手的手指之上，不仅增加了稳定性，而且不会磨损已画好的部位

填黄料

填绿料

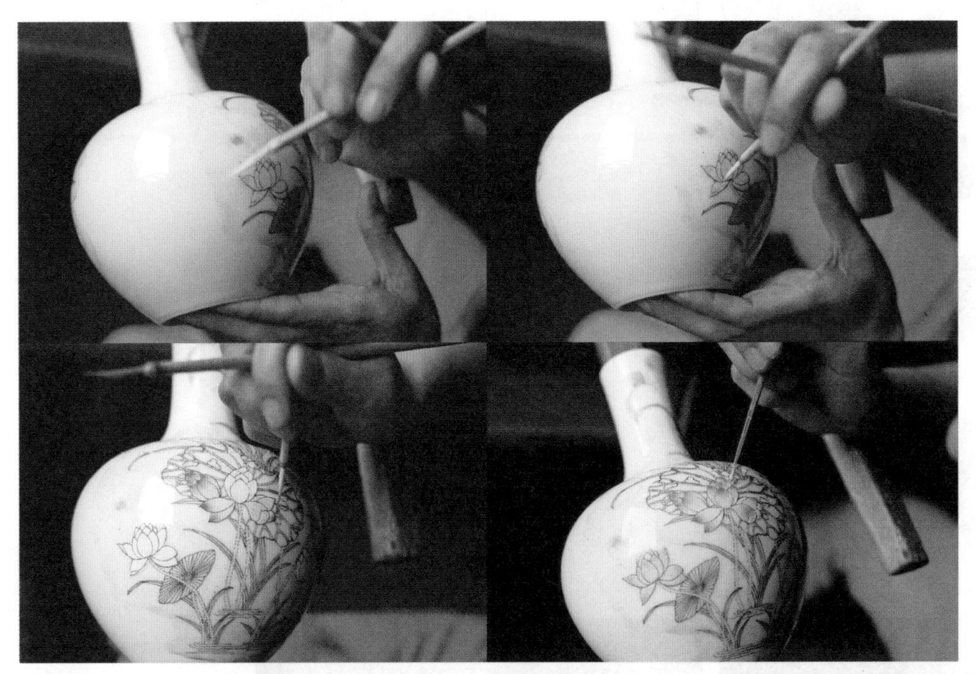

洗染黄彩、红彩，与填黄、绿料所示过程一致

仿古作坊的工作场景

新彩《阅微草堂》工艺过程

釉上新彩的历史虽不比古彩、粉彩等著名传统装饰品类的历史久远，却在今日的景德镇成为越来越重要的陶瓷装饰工艺。

特别是受过高等艺术教育的陶瓷艺术家，比较喜欢选择和使用这种操作相对方便，色彩在烧后变化不是太大的新彩进行陶瓷装饰。中国各大学陶艺系中大部分都开设了这门课程。

新彩不仅色彩种类繁多，而且大部分可以相互调用（部分色种除外），绘画工具也更多样。许多国画与油画中的技艺、技巧也可以移入其中，是众多的釉上彩装饰中局限性最小的一个种类。

《阅微草堂》局部

釉上彩绘工具，色料在绘制前需用乳香油（也称“老油”）搓调至适用

一般用油画笔或硬一些的毛笔按色彩需要在瓷板上涂绘上色

用刮刀直接将颜色涂抹在瓷板上。一些特殊的肌理效果是很难用毛笔画出来的

用干净海绵或长绒棉花拍染颜色，使色彩交融协调

用长锋毛笔蘸取油料，此油料为樟脑油，较易挥发。也可用松香油和煤油代替，但效果略差

在底色上绘出如苇草般交织在一起的线条

约 1 分钟后，用油料画过的线条开始显现，用小竹签包裹棉花根据需要擦出一些底色

当油料挥发了大部分后，再用海绵拍染部分位置，使色彩更具变化和柔和度

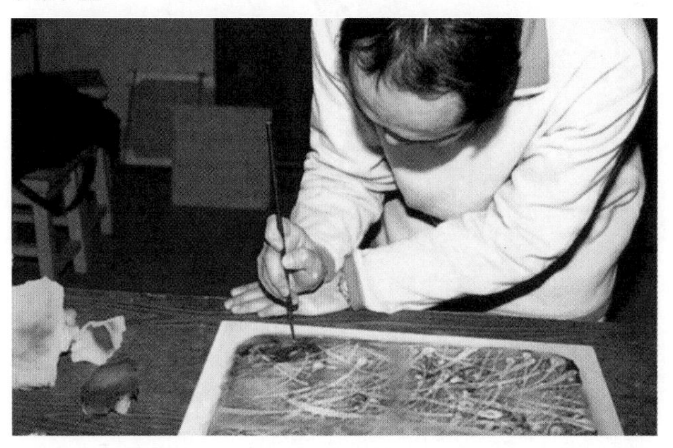

当基本上完成作品时，再进行总体调整，并最终签上作者姓名

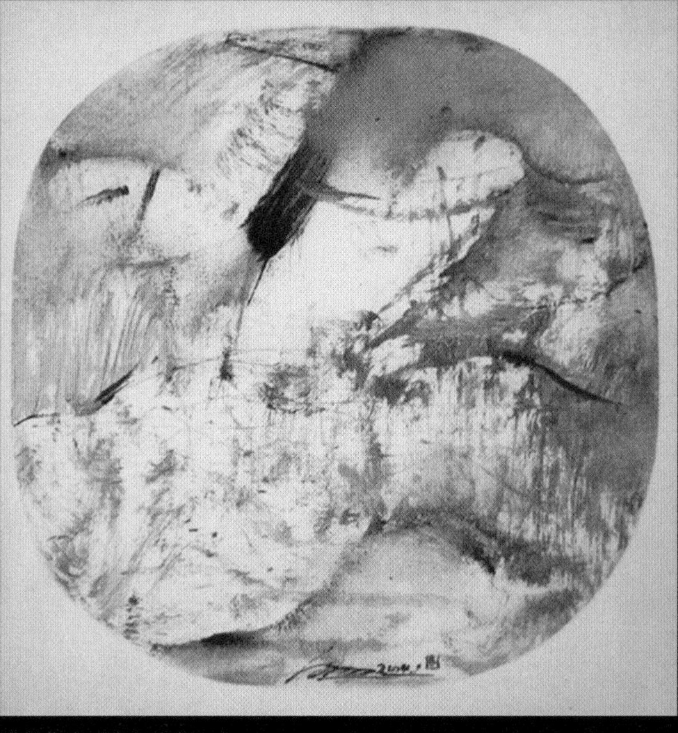

新彩作品《清幽回音》之一

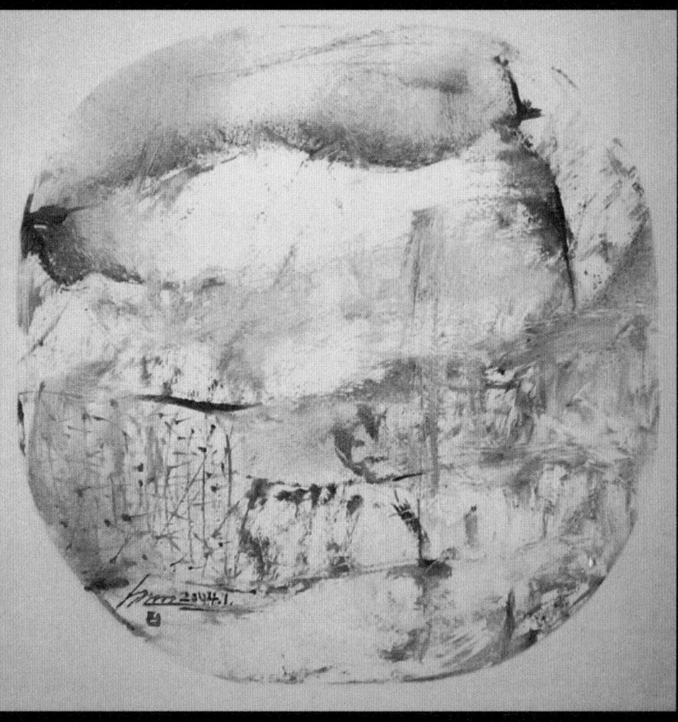

新彩作品《遥感——山水系列》之一

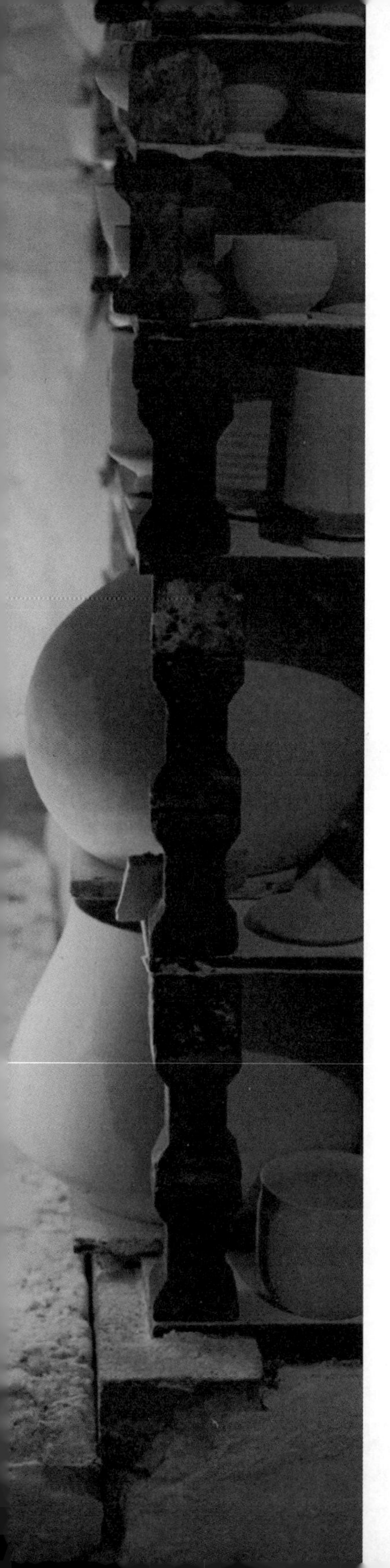

第五章
景德镇的窑炉与烧成

Jingdezhen Kilns and Firing

景德镇的窑炉

著名的景德镇窑是综合了龙窑、阶级窑和葫芦窑的优点，并参考北方馒头窑的长处，又根据当地的燃料松柴燃烧温度高、火焰长的特性而修建与发展起来的。它在结构上，不用任何异型砖，没有复杂的排烟装置，也不用任何附属设备，仅以投柴时间及投柴量的把握即可控制窑内气氛和温度。它克服了龙窑及阶级窑尾间不易升温和葫芦窑温差较大的缺点，在我国陶瓷窑炉史上占有极其重要的地位。

现今不少博物馆在陶瓷陈列厅设置的窑炉模型及按实景建造的剖面模型，基本上只有三种窑型，即“馒头窑”“龙窑”“景德镇窑”。

景德镇窑体大致可分为如下几个部分：

1. 窑门：为装卸制品（即满窑与开窑）的出入口，烧成时需将其下部封闭，仅在其上部留一投柴口，供投入窑柴补充燃料用。

2. 窑头区：为燃料燃烧区，炉栅和灰坑均位于此区内。

3. 大肚区：因其位于窑前部最宽最高处而得名，为上等细瓷与高温颜色釉瓷装烧区。此区温度高，烧成温度为1300—1320℃。

4. 小肚区：位于窑体腰部，其高度和宽度均不及大肚区，为普通细瓷装烧区，烧成温度为1260—1300℃，略低于大肚区。

5. 低温区：俗称“想理区”，为普通瓷器或低温颜色釉瓷器装烧处，烧成温度较前低，仅1170—1260℃。

6. 挂窑口：即窑室与烟囱的交界处，是控制火焰流向、流速与烟囱抽力的部位。

7. 余堂：为烟囱底部空间，是土匣或粗瓷（即渣胎碗之类）装烧区，烧成温度为1130—1170℃。

8. 观音堂：即窑背端穹隆所构成的“佛龛”式空间，用于装烧窑砖，供修窑用。从窑头处观其形似庙堂，故称为观音堂以求吉利。

9. 烟囱：前囱壁与挂窑口上端相接，后壁与窑后墙相连，排烟道位于余堂之上直通烟囱，烟囱为全窑抽力产生的根本。

10. 窑床：为全窑的底衬，与水平线成约3°角，并铺一层紫石英砂，匣钵立于其上，马脚半截入砂，能起到稳定匣柱的作用。

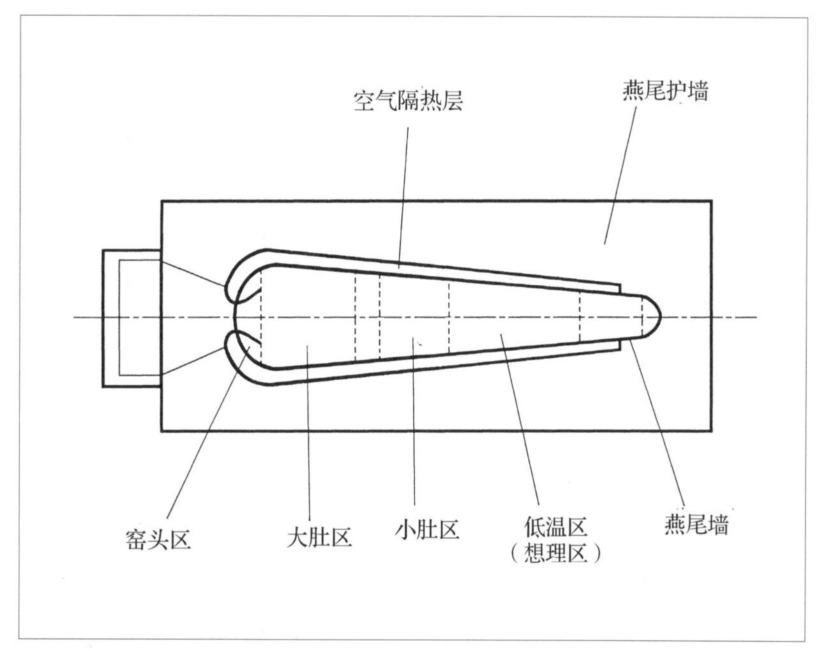

景德镇窑构造示意图 1

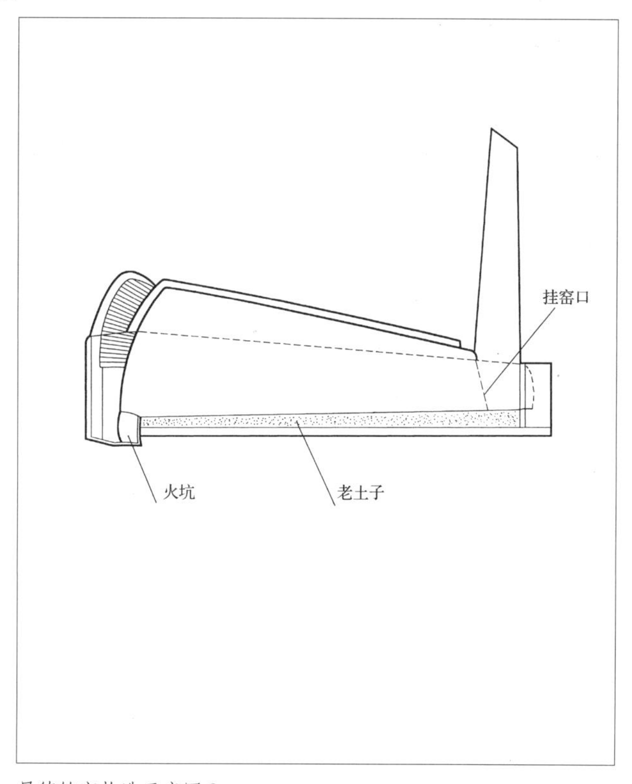

景德镇窑构造示意图 2

景德镇著名的古窑房外景

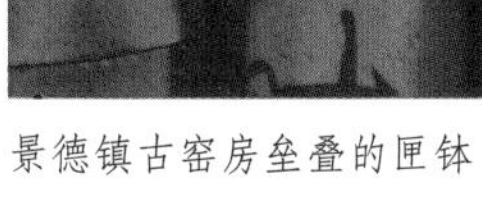

景德镇古窑房垒叠的匣钵

古窑窑门

古窑窑门顶

古窑内窑顶弓形构造

位于低温区的匣柱

从低温区位置看到的窑门口内景

窑门口的窑头区位置。烧窑时需将木板拆除

站在烟囱左侧看到的窑背效果

站在烟囱右侧看到的窑背效果。烧窑时，需将分开的砖铺满窑背

站在窑背最高处看到的窑背效果，正前方为烟囱

站在窑体右侧看到的烟囱效果

站在窑体左侧看到的烟囱上部效果

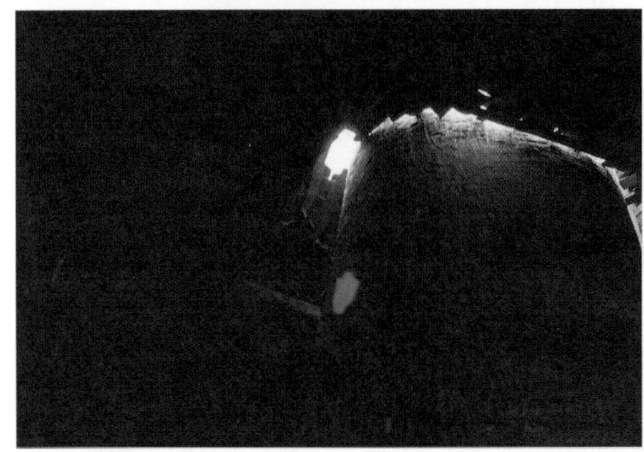

在烟囱的右侧近处向上仰视可清晰地看出烟囱的椭圆形结构

站在窑背近处看到的烟囱效果

窑门前，木楼上堆放的松柴

在烟囱的左前方和正面看到的古窑烟囱的情景，小方孔为观火眼

站在木楼板上看到的窑门效果

窑门前方的木楼板中的递柴孔

窑体左侧的木栅栏

古窑房外的木柴垛

用渣饼（烧碗用的垫饼）搭建的“太平窑”。孩子们在中秋节期间模仿烧窑将其烧得通红，祈求太平兴旺

烤花工艺

釉上彩绘装饰必须经过烤花工艺才能最终让颜料发色，使颜料与釉面结合并固定下来。传统的烤花以木炭为燃料，烤花炉由两层组成，内层为一圆形深筒状的大匣钵，上面配置一个稍呈鼓起状的匣钵盖，上有一酒盅大小的圆洞，用来察看火色。匣底垫四块耐火砖，在大匣的外侧一定距离处砌耐火砖圈体，并在底部开几个孔（俗称“爬火眼”，以炉体大小定小孔的多少），可爬退木炭以降低温度。大匣内用于装烧瓷器，匣与外层耐火砖之间的空隙为烧木炭之处，俗称“火膛”。

烤烧初期不宜封死炉口，以利湿气和油气挥发。升温速度应视器物的大小、多少而定。大件或厚胎器升温应慢，小件或薄胎器则可稍快。烤烧时可通过封炉时预留的观火眼观察炉内烧成情况。瓷器随着温度的升高逐渐烧红后，慢慢由清晰变得模糊，又由模糊再转向清晰，瓷器形体成为橘黄泛白色，即可熄火，并采取自然冷却法。相比之下，古彩、粉彩冷却时间比之新彩、墨彩更长。烤花满炉（即装窑）也甚为讲究，一般是大件在下，小件在上。有些口沿镶金或上色的器物，装炉时应采用“倒碗过肩法”，这样既节省空间又不致伤及金线和色彩。满炉不宜太满，也不宜太空。

现今景德镇的烤花炉已基本上改用电窑，烧成更加方便。但装、开窑及烧窑、冷却过程中所注意的事项与传统木炭窑一致。

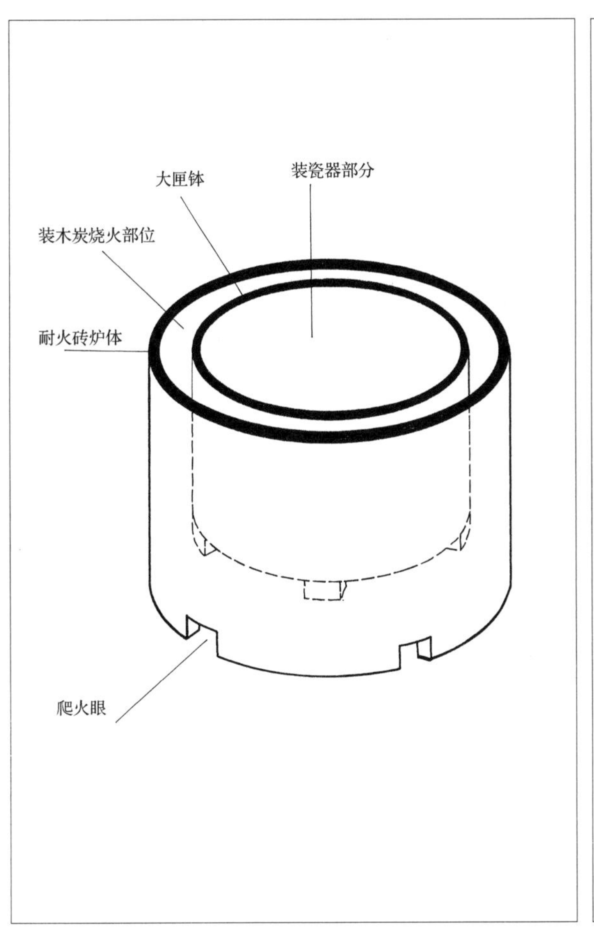

传统木炭烤花炉

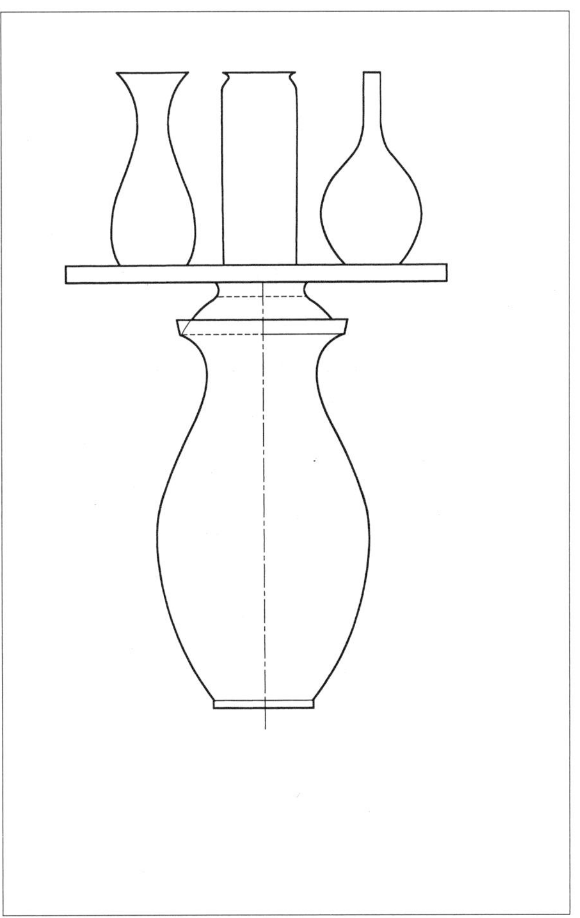

倒碗过肩法

今日景德镇常用的电窑（烤花窑）

运坯

将已做好的坯件运至画工房和窑房，需要有经验的挑坯工来完成。传统运坯主要有抬坯和挑坯两种方式。

用抬坯架抬坯

用板车运送坯件

抬送超高的大瓶，需要有经验的运坯工来完成

这种最传统的用挑坯架挑碗坯的情景已越来越少见

摆满坯件的挑坯架

装窑与烧窑

装窑，景德镇俗称“满窑”。景德镇窑由于窑型及构造上的特殊性，在装窑技术上也特别考究，不仅要考虑窑室前后各部位火度及气氛的变化，更要注重火道分布的合理性。

景德镇窑的满窑操作是从窑后端的观音堂开始，由窑尾往窑头逐排满装。先在观音堂内及余堂左右两边下部装满窑砖坯，余堂则排布匣柱，匣柱高度高于挂窑口而低于观火孔。景德镇多年来积累的实践经验表明，窑室后部装大器匣钵，前部装小器匣钵，“前紧后松”，是最合理的火路安排。大肚区与小肚区应装烧最好的精细瓷器，匣柱之间必须留有一些空隙。满窑操作的关键在于合理安排火路，保证全窑通风流畅，以使窑火能充分燃烧；否则，如果通风不畅，极易导致“生熟”不均，甚至引起倒窑事故。

满窑完毕，还需砌设临时火床和窑门。封闭窑门时须自下而上依次设灰榴门（即火坑门）、除渣口（即发火口）、投柴口和窑眼。窑眼是在窑门顶部附近留出的两个对称的圆孔，烧成时用两个相应尺寸的匣钵嵌入其中，其作用是便于窑工掌握窑内左右两侧的温度变化情况，以决定投柴的多寡和方向。

窑门封好后，用黄泥涂敷一层并填平缝隙，以防止空气渗入。满窑工作全部结束，即可进入烧成阶段，点火烧窑。

装窑、烧窑、开窑所需的工具

火钩（烧窑时用于清除窑内炭渣）

灰笔（清扫坯件上的灰尘）

坯吸（吸取小碗、盘等小坯件）

糠头灰、垫饼（可有效防止产品变形和粘坯）

窑刀

搭肩、手袖（用于开窑）

草鞋

大小不同的挑坯架

窑柴、夹篮

仿清代装窑表演（翻拍自古窑内图片陈列）

马脚（用于装卸高层匣钵）、匣钵

装窑过程

为使匣柱安稳牢固、空隙一致，在匣柱约与人胸齐高之处用耐火材料将匣钵与匣钵之间挤紧

烧窑工往窑口投柴

点火烧窑之后，封闭发火孔，从投柴口投入干柴

继续投柴

窑眼已泛暗红色，且呈色一致，说明窑内左右温差不大

当窑内温度至1000℃左右，用水淋柴或直接往火坑内泼水，以达到加速窑前端清烟、后端下部攻烧的目的

窑眼更显红色说明已进入烧速火阶段

清除窑内炭渣，此时投柴量减少，投柴次数增加，直至保温、熄火

景德镇窑由于耗费木柴惊人，不利环保，柴窑的烧造已日趋减少，大部分工厂、研究所和私人作坊均改用气窑烧造。气窑无论是装窑、开窑，还是烧造的过程，均更方便和容易掌握，现在已成为主要的烧造窑炉

附录

Appendix

稻草包装工艺

稻草包装是景德镇瓷器几百年来最实用和廉价的包装形式，直至今日仍然是大件瓷器的首选包装手段。

景德镇市
華玲陶瓷
批发零售 电话:8237990
有限公司三兴门市部
三兴门市部

景德镇广场瓷器街上的大瓷瓶

瓷凳的包装：先给稻草洒水使之增加韧性。将稻草盘成圆盘护住瓷器上下两面并用绳子捆好，再取稻草若干拧成绳状将瓷器滚动包裹起来直至完成

超大瓶的包装与普通包装方法基本一致。稍讲究一些的包装可先用纸将瓷瓶包裹一下充作里层，再按上述方式将瓷瓶包装完整，在瓶口处加上一定厚度的稻草使之更加安全，最后用绳子捆扎结实

主要参考书目

1. [明] 宋应星：《天工开物》，商务印书馆，1933 年。
2. [清] 蓝浦：《景德镇陶录》，上海科技教育出版社，1993 年。
3. [清] 唐英：《陶冶图说》，中国书店，1993 年。
4.《陶瓷史话》编写组编：《陶瓷史话》，上海科学技术出版社，1982 年。
5. 浮梁县地方志编纂委员会编：《浮梁县志》，方志出版社，2009 年。
6. 冯先铭主编：《中国陶瓷》，上海古籍出版社，2001 年。
7. 江西省轻工业厅陶瓷研究所编：《景德镇陶瓷史稿》，生活・读书・新知三联书店，1959 年。
8. 刘新园、白焜：《高岭土史考》，《中国陶瓷》1982 年第 7 期 。
9. 刘桢、郑乃章、胡由之：《镇窑的构造及其砌筑技术的研究》，《景德镇陶瓷学院学报》1984 年第 2 期。
10. 轻工部陶瓷工业科学研究所编：《中国的瓷器》，轻工业出版社，1983 年。
11. 沈汇：《中国古陶瓷发展鸟瞰》，《中国陶瓷》1982 年第 7 期。
12. 熊理卿、卢瑞清：《景德镇传统制瓷作坊的研究》，《景德镇陶瓷学院学报》1985 年第 1 期。
13. 杨永峰：《景德镇陶瓷古今谈》，中国文史出版社，1991 年。
14. 中国硅酸盐学会编：《中国陶瓷史》，文物出版社，1982 年。
15. 祝桂洪：《景德镇瓷石碓舂淘洗制不工艺的研究》，《景德镇陶瓷》1987 年第 1 期。
16. 郑鹏：《景德镇瓷艺纵观》，江西科学技术出版社，1990 年。

图书在版编目(CIP)数据

景德镇传统制瓷工艺 / 白明著. -- 桂林 : 广西师范大学出版社, 2025. 1. -- ISBN 978-7-5598-7474-0

Ⅰ. TQ174.6

中国国家版本馆 CIP 数据核字第 2024MU4828 号

景德镇传统制瓷工艺
JINGDEZHEN CHUANTONG ZHICI GONGYI

出 品 人: 刘广汉
责任编辑: 肖 莉
助理编辑: 茹婧羽
装帧设计: 佚舒玉晗
营销编辑: 康天娥

广西师范大学出版社出版发行
(广西桂林市五里店路 9 号　　邮政编码: 541004
网址: http://www.bbtpress.com)
出版人: 黄轩庄
全国新华书店经销
销售热线: 021-65200318　021-31260822-898
山东临沂新华印刷物流集团有限责任公司印刷
(临沂高新技术产业开发区新华路 1 号 邮政编码: 276017)
开本: 787 mm×960 mm　1/16
印张: 16　　字数: 200 千
2025 年 1 月第 1 版　　2025 年 1 月第 1 次印刷
定价: 98.00 元